完全合格！
原付免許
総まとめ問題集
1100

学科試験問題研究所【著】

永岡書店

はじめに

原付免許取得をめざすみなさんへ

　運転免許証の保有率は年々高まっており、いまや免許を持たない生活など考えられなくなってきています。

　この運転免許の1番バッターとして登場するのが、満16歳になれば取得できる「原動機付自転車免許＝原付免許」です。ツーリングなどのレジャーに、通学・通勤に、買い物にとそのニーズは高まるばかりで、満16歳になるのを待ちかねた多くの若者が最寄りの運転試験場に殺到します。

　「原付免許」を取得するには、国家公安委員会が作成した「交通に関する教則」の中からまんべんなく出題される「学科試験」と「適性試験」に合格すればよいのです。「普通免許」のように運転技術に関する実地試験はありません。しかも、教習所もほとんどありませんから、自分で学科試験に出題される「交通ルール」などについて、市販のテキストや問題集で勉強しなければなりません。

　そこで本書では、一発合格を実現するために、学科試験の出題傾向を分析し、出題率の高い問題を徹底的に絞り出して、短時間で身につけられる問題を1,100題用意しました。この問題を繰り返し勉強することが「一発合格」への早道といえるでしょう。

この本の特徴と使い方

Step 1　出題頻度の高い必須項目をイラスト解説
出題率の高い交通ルールの必須項目を覚えるためのイラスト解説。「おさらいチェックテスト」で頭の中を整理します。

Step 2　出題率の高い100問を厳選
これまで出題された問題を徹底的に調査分析して、100題を厳選しました。この問題を繰り返し解くことによって、正解率が飛躍的に高まり、合格率もぐんぐんアップします。

Step 3　引っかけ問題を見破るコツを学ぶ
学科試験には間違いを誘発する引っかけ問題が多く出題されます。それらを見破るために厳選した105問を解くことにより、正確な数値と表現が理解でき、正解を引き出す力を養います。

Step 4　危険を予測するイラスト問題を攻略
運転の危険認知と判断ミスが交通事故の最大の原因で、その現実を踏まえて、危険の予知、予測に必要な判断力を養います。

Step 5　864題の実力判定模擬問題で「テスト慣れ」をする
できるだけ数多くの問題を解くことが「一発合格」のコツです。本番形式の模擬テストにトライして、合格力をしっかり養いましょう。

Contents

はじめに／2　　この本の特徴と使い方／3

第1章　免許取得までの道のり　原付免許受験ガイド

原動機付自転車とは ─────────────────── 8
　＜原付は16歳から免許が取れる車＞ ………………… 8
　＜原動機付自転車は自動車ではない＞ ……………… 8
　＜正しい乗車姿勢と運転に適した服装のポイント＞ …… 9
　＜原動機付自転車の各部の名称を覚えよう＞ ……… 9
原付免許の受験資格 ──────────────────10
　＜次の人には受験資格がない＞ ………………………10
原付免許試験を受ける ─────────────────11
　＜受験に必要な書類など＞ ……………………………11
　＜適性試験とは＞ ………………………………………12
　＜学科試験とは＞ ………………………………………13
　＜原付講習と免許証交付＞ ……………………………13
試験で実力を120%出し切るには ────────────14

第2章　大事なとこだけ総まとめ　交通ルールの基本

車の種類 ──────────────────────── 16
運転免許の種類 ───────────────────── 17
運転者の基本的な心得 ────────────────── 18
二輪車の運転方法 ──────────────────── 19
安全運転に必要な知識 ────────────────── 22
信号や手信号に従うこと ──────────────── 23
標識・標示に従うこと ────────────────── 26
車の通行できるところ、できないところ ─────── 28
緊急自動車などの優先 ────────────────── 31
路線バスなどの優先 ─────────────────── 32

4

歩行者の保護 ——————————————— 33
　安全な速度と停止距離 —————————— 36
　進路変更など ———————————————— 38
　追い越し／追い抜き ———————————— 39
　交差点などの通行 ————————————— 41
　駐車と停車 ————————————————— 44
　踏切の通過方法 ——————————————— 48
　悪条件下の運転など ———————————— 49
　交通事故のとき ——————————————— 52
　緊急時の措置 ———————————————— 53
　コラム 本番前に大事なとこだけ総まとめ！ 直前チェックポイント／54

第3章　得点力を高める 学科試験攻略テスト

　Part 1　試験によく出る！ 頻出問題・厳選100問 ——— 58
　　　　　◆解答＆解説／67
　Part 2　ミスを防ぐ！ 引っかけ問題・厳選105問 ——— 75
　　　　　◆解答＆解説／84
　Part 3　危険予測イラスト問題・傾向と対策 ————— 92
　コラム 本番で慌てないために！ 学科試験対策のツボ①／108

第4章　合格力を養う 実力判定模擬テスト

　第1回　実力判定模擬テスト ——————————— 110
　　　　　◆解答＆解説／114
　第2回　実力判定模擬テスト ——————————— 117
　　　　　◆解答＆解説／121
　第3回　実力判定模擬テスト ——————————— 124
　　　　　◆解答＆解説／128
　第4回　実力判定模擬テスト ——————————— 131
　　　　　◆解答＆解説／135

Contents

第5回　実力判定模擬テスト ── 138
　　　　◆解答＆解説／142
第6回　実力判定模擬テスト ── 144
　　　　◆解答＆解説／148
第7回　実力判定模擬テスト ── 150
　　　　◆解答＆解説／154
第8回　実力判定模擬テスト ── 156
　　　　◆解答＆解説／160
第9回　実力判定模擬テスト ── 162
　　　　◆解答＆解説／166
第10回　実力判定模擬テスト ── 168
　　　　◆解答＆解説／172
第11回　実力判定模擬テスト ── 174
　　　　◆解答＆解説／178
第12回　実力判定模擬テスト ── 180
　　　　◆解答＆解説／184
第13回　実力判定模擬テスト ── 186
　　　　◆解答＆解説／190
第14回　実力判定模擬テスト ── 192
　　　　◆解答＆解説／196
第15回　実力判定模擬テスト ── 198
　　　　◆解答＆解説／202
第16回　実力判定模擬テスト ── 204
　　　　◆解答＆解説／208
第17回　実力判定模擬テスト ── 210
　　　　◆解答＆解説／214
第18回　実力判定模擬テスト ── 216
　　　　◆解答＆解説／220

コラム 用語解説／116／130／137
コラム 本番で慌てないために！ 学科試験対策のツボ②／222

第1章

免許取得までの道のり

原付免許受験ガイド

Check!

原付免許は「適性試験」と「学科試験」に合格すれば取得できます。この章では免許取得の準備として、受験するためにはどのような書類や手続きが必要になるのか、また、学科試験はどのような内容なのかなど、知っておくべき学科試験の基礎知識を解説します。

原動機付自転車とは
ミニバイクとはこんな乗り物

● 原付は16歳から免許が取れる車

　原動機付自転車は一般的に「ミニバイク＝バイク」とか、「スクーター」「原付」などと呼ばれ、とくに16歳から免許（原動機付自転車免許＝原付免許）が取れることから、若者たちに人気を集めている乗り物です。

　原動機付自転車は車の中でエンジンも車体も一番小さいもので、二輪車のオートバイ・タイプとスクーター・タイプ、三輪車（ミニカーを除く）のスリーター・タイプがあります。

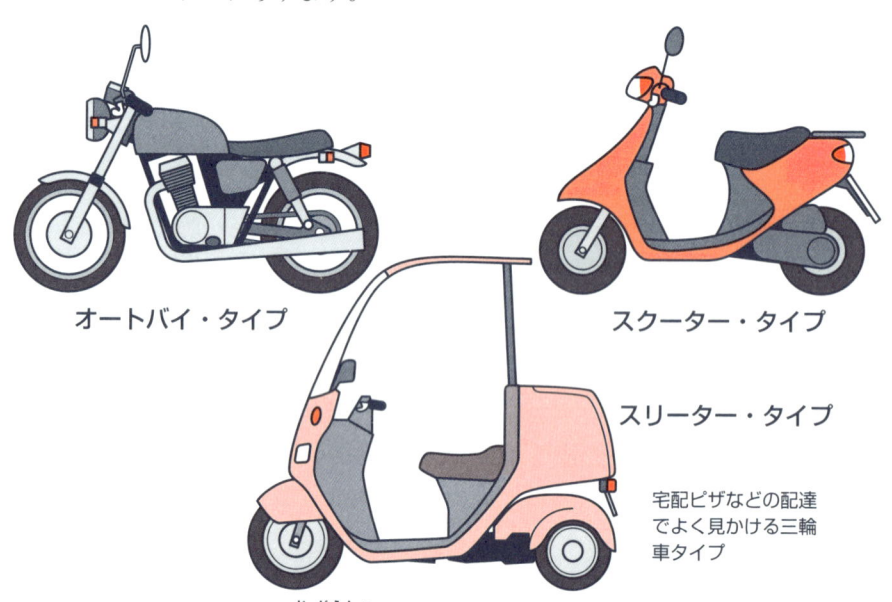

オートバイ・タイプ

スクーター・タイプ

スリーター・タイプ

宅配ピザなどの配達でよく見かける三輪車タイプ

● 原動機付自転車は自動車ではない

　「原動機付自転車」か「自動二輪車」かは、形や外観の大きさではなく、エンジンの大きさや構造、装置などによって分けられています。車体の大きさは二輪車の中でもっとも小さく、エンジンの大きさ（総排気量）が50cc以下の二輪車（ミニカーを除いた三輪車も含む）が「原動機付自転車」と定められています（総排気量50ccを超える車が「自動二輪車＝自動車の仲間」）。

● 正しい乗車姿勢と運転に適した服装のポイント

運転しやすい乗車姿勢と運転に適した服装を身につけましょう。

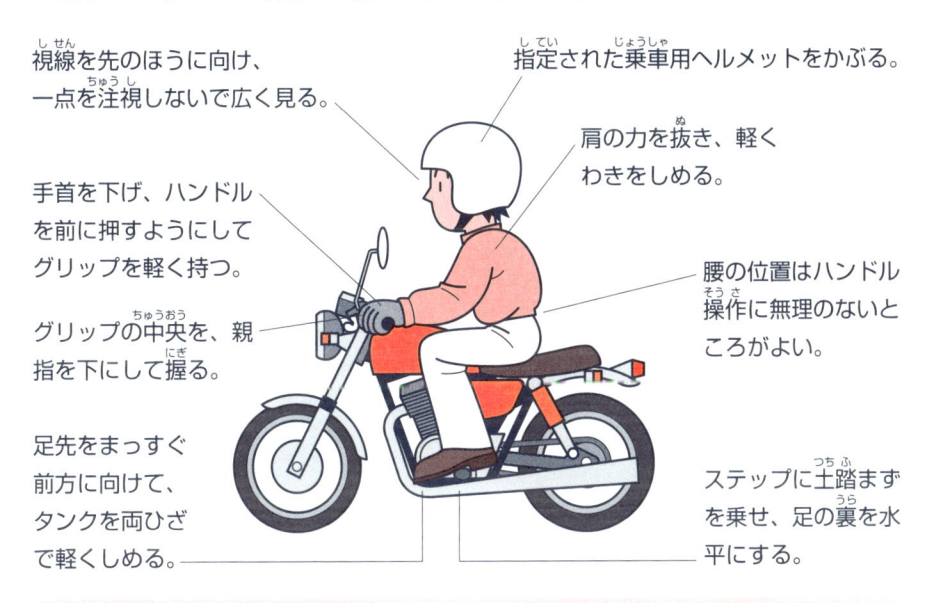

- 視線を先のほうに向け、一点を注視しないで広く見る。
- 指定された乗車用ヘルメットをかぶる。
- 肩の力を抜き、軽くわきをしめる。
- 手首を下げ、ハンドルを前に押すようにしてグリップを軽く持つ。
- グリップの中央を、親指を下にして握る。
- 腰の位置はハンドル操作に無理のないところがよい。
- 足先をまっすぐ前方に向けて、タンクを両ひざで軽くしめる。
- ステップに土踏まずを乗せ、足の裏を水平にする。

- 体に合った活動しやすい服装にする。
- 夏でも体の露出部分を少なくする。
- なるべく目立つ色の服装にする。
- 夜間は反射性の衣服にする。
- 運転の妨げになる履物は履かない。

● 原動機付自転車の各部の名称を覚えよう

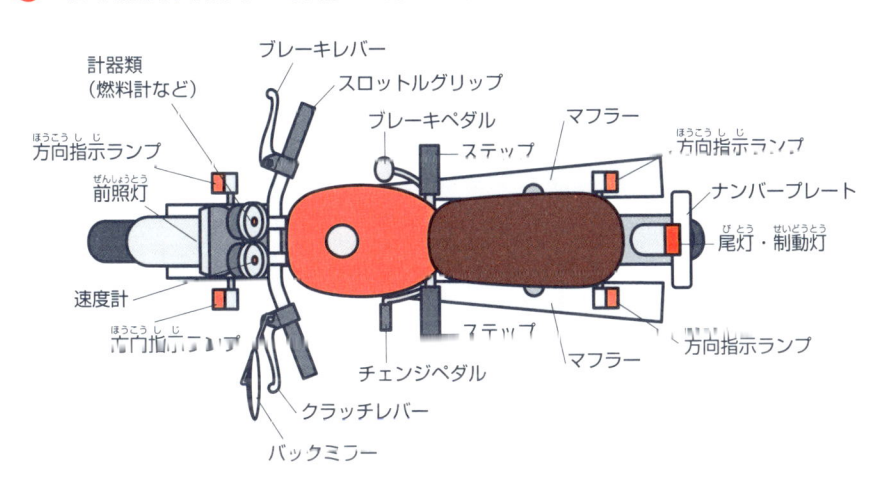

- 計器類（燃料計など）
- ブレーキレバー
- スロットルグリップ
- ブレーキペダル
- 方向指示ランプ
- 前照灯
- ステップ
- マフラー
- 方向指示ランプ
- ナンバープレート
- 尾灯・制動灯
- 速度計
- 方向指示ランプ
- ステップ
- マフラー
- 方向指示ランプ
- チェンジペダル
- クラッチレバー
- バックミラー

第1章 原付免許受験ガイド

原付免許の受験資格

次の項目に当てはまる人は受験できない

● 次の人には受験資格がない

アルコール、麻薬、大麻、アヘン、覚せい剤などの中毒者

年齢が16歳未満の人

免許を保留されたり、停止処分を受けたりしている人

免許の取り消し・拒否から定められた期間を過ぎていない人

① 年齢が16歳未満の人。
② 幻覚の症状を伴う精神病者。
③ 発作による意識障害または運動障害がある人。
④ 自動車などの安全な運転に支障を及ぼすおそれのある人。
⑤ アルコール、麻薬、大麻、アヘンまたは覚せい剤の中毒者。
⑥ 免許を拒否され、指定された欠格期間（免許を受けることができない期間）を経過していない人か、免許を保留されている人。
⑦ 免許の取り消し（行政処分）を受けて、指定された欠格期間を経過していない人か、取り消し処分講習を受けていない人。

原付免許試験を受ける
適性試験と学科試験に合格すればOK

● 受験に必要な書類など

①初めて運転免許証を取得する人は住民票（本籍地の記載のあるもの）、及び本人確認書類（健康保険被保険者証、住民基本台帳カード、パスポート、学生証など）。すでに小型特殊免許などの運転免許証を取得している人は、その免許証が必要。

②写真（申請前6カ月以内に撮影した無帽、正面、上三分身、無背景のタテ30ミリ、ヨコ24ミリ、裏面に氏名と撮影年月日を記入したもの）。

③運転免許申請書（用紙は試験場の窓口にある）
　記入例に従って記入し、受験手数料を収入証紙で購入して添付します。

④印鑑（必要でない試験場もあるので確認すること）

⑤受験場所（最寄りの警察署で確認すること）

住民票の写し

写真（1枚）
タテ30ミリ
ヨコ24ミリ
（申請前6カ月以内に撮影したもの）

運転免許申請書

窓口　試験場の窓口に提出。

第1章　原付免許受験ガイド

● 適性試験とは

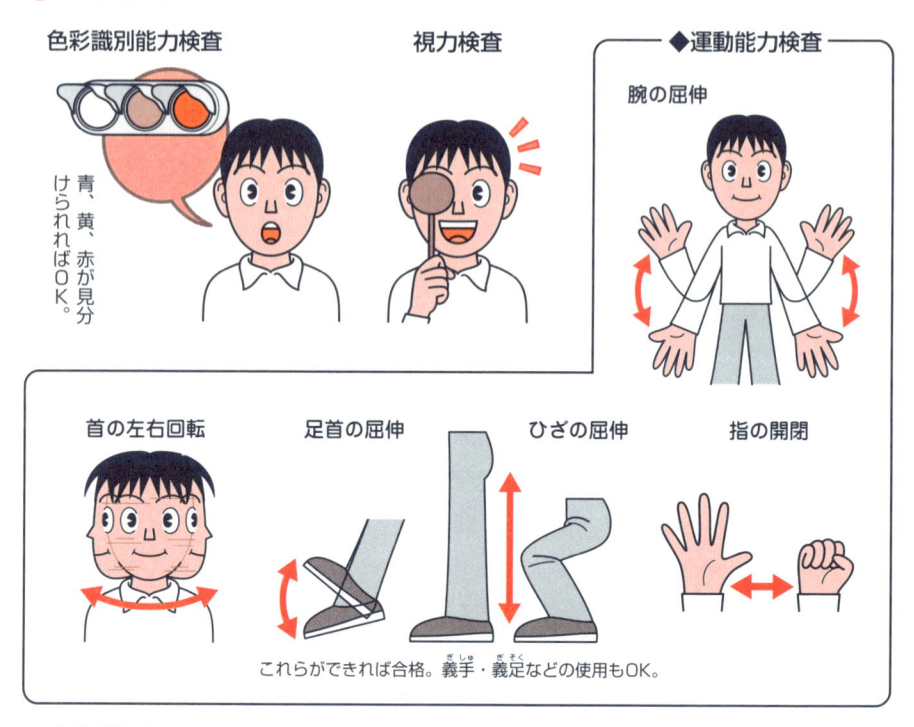

色彩識別能力検査	視力検査	◆運動能力検査

腕の屈伸

青、黄、赤が見分けられればOK。

首の左右回転　足首の屈伸　ひざの屈伸　指の開閉

これらができれば合格。義手・義足などの使用もOK。

①視力検査
　視力が両眼で0.5以上あれば合格です。片方の視力が0.3未満の人、もしくは見えない人は、もう一方の視力が0.5以上で、視野角度が150度以上あれば合格。メガネやコンタクトレンズが必要な人は使用できます。

②色彩識別能力検査（色盲検査）
　信号機の色である「青色、黄色、赤色」が見分けられれば合格です。

③運動能力検査
　腕の屈伸、足首の屈伸、ひざの屈伸、首の左右回転、指の開閉などの運転に支障を及ぼすおそれがなければ合格です。身体に障害を持つ人でも補助手段をとることにより、運転に支障がなければ合格となります。

〜聴力検査について〜
2012年4月より、原動機付自転車の場合、聴力に関わる適正検査は行いません。
ただし、原付技能講習の安全確保を希望する受験者は書面で申し出ることができます。

学科試験とは

①学科試験の内容

文章問題が46問（1問1点）、イラスト問題が2問（1問2点）出題され、45点以上（正解率90％以上）の正解で合格。制限時間は30分です。

※都道府県によっては、文章問題が1問2点、イラスト問題が1問4点の100点満点のところもあります（正解率90％以上で合格）。

②解答は答案用紙に記入

問題用紙と解答用紙は別々に配られ、解答は解答用紙に記入して提出します。解答はすべて「正誤式」で答え、問題が正しければ「正」、誤りなら「誤」のワクの中をぬりつぶします。

③解答用紙のワクの中はきれいにぬりつぶす

■正しい記入例

問	1	2	3	4
正	■	■		■
誤			■	

ワクの中を完全にぬりつぶすこと。筆記用具は指定のものを使用する。

■間違った記入例

問	1	2	3	4
正	／	○		／
誤				

完全にぬりつぶさなかったり、ワクからはみ出したり、両方をぬりつぶしたりするのは無効。

原付講習と免許証交付

①学科試験合格後の実地講習

適性試験と学科試験に合格後、実際に原付に乗って原付講習を受けます。操作方法や乗り方を指導員が親切に指導してくれます。

②免許証交付

適性試験と学科試験に合格し、原付講習を受けた後、原付免許証が交付されます（免許交付手数料が必要）。

＊原付講習には手数料が必要

（注）試験の内容や手数料などは、変更になることがあります。

◆試験で実力を120％出し切るには
学科試験で一発合格をめざす

　学科試験を受験するときには、次のことに注意して実力を120％発揮できるように心がけましょう。

①分かるところから先に記入する
　　分からない問題は後回しにして、分かる問題から解答していきます。その後で残った時間を使って、分からなかった問題を解いていきます。

②問題文は慎重に注意深く読む
　　文章の表現のわずかな違いで、正誤が逆さまになる引っかけ問題があります。問題文は注意深く慎重に読むことが大切になります。

③実際に運転している状況を頭の中で思い描く
　　文章問題もさることながら、イラスト問題はとくに実際に運転している状況を思い浮かべて問題を理解することが重要です。

④解答は必ずどちらかのワクをぬりつぶす
　　どうしても分からない問題でも、そのままにしておかずに必ずどちらかに印をつけるようにします。正解の確率は2分の1なのです。

⑤読めない字が出てきたら試験官に聞く
　　問題文の中に読めない字や不明の点があったら、遠慮しないで試験官に質問しましょう。

⑥時間が余ったらもう一度見直す
　　ひととおり解答を終えたら、答えの間違いやぬり間違いをチェックします。試験時間を十分に利用し、時間をムダにしないようにしましょう。

第2章

大事なとこだけ総まとめ

交通ルールの基本

Check!

学科試験出題のもとになる「交通の教則」の中から、出題頻度の高い必須項目をとり上げ、イラストで分かりやすく解説します。

☆おさらいチェックテスト付き！

車の種類

車（車両）など

「車（車両）など」には自動車、原動機付自転車、軽車両に路面電車が含まれる。

路面電車

自動車

大型自動車
大型自動車は定員30人以上、車両総重量11,000kg以上、最大積載量6,500kg以上。

中型自動車
中型自動車は定員11人以上29人以下、車両総重量7,500kg以上11,000kg未満、最大積載量4,500kg以上6,500kg未満。

準中型自動車
準中型自動車は定員10人以下、車両総重量3,500kg以上7,500kg未満、最大積載量2,000kg以上4,500kg未満。

普通自動車
普通自動車は三輪か四輪で定員10人以下、車両総重量3,500kg未満、最大積載量2,000kg未満。

大型自動二輪車
大型自動二輪車は総排気量400ccを超える二輪車（側車付のものを含む）。

普通自動二輪車
普通自動二輪車は総排気量50ccを超え400cc以下の二輪車。

大型特殊自動車
大型特殊自動車は、カタピラ式や装輪式など特殊構造をもち、建設現場などの特殊な作業に使用する自動車のうち小型特殊自動車以外の最高速度が35km/h以上のもの。

小型特殊自動車
小型特殊自動車は、長さ4.7m以下、幅1.7m以下、高さ2.0m以下（ヘッドガード等含め高さは2.8m以下）、最高速度15km/h以下（ただし、農耕作業車は35km/h未満）の特殊構造をもつもの。

車だが自動車ではない

原動機付自転車※
原動機付自転車は総排気量50cc以下か定格出力600ワット以下の原動機を持つミニカー以外の二輪か三輪の車。

軽車両
自転車・リヤカー・牛馬車・そりなど。

※特定小型原動機付自転車は電動キックボード等で一定の基準を満たすもの。運転免許不要等のルールが適用される（2023年7月1日から）。なお、電動キックボード等のすべてが16歳以上であれば運転免許不要で運転できるものではない。

運転免許の種類

免許の種類

第一種運転免許…自動車や原動機付自転車を運転するとき必要な免許。
第二種運転免許…バスやタクシーなどの旅客運送のために必要な免許。
仮運転免許………普通自動車などを一般道路で練習するときに必要な免許。

■第一種免許で運転できる車

免許の種類 \ 運転できる車	大型自動車	中型自動車	準中型自動車	普通自動車	大型特殊自動車	大型自動二輪車	普通自動二輪車	小型特殊自動車	原動機付自転車
大型免許 ※3（19歳以上）	◎	◎	◎	◎				◎	◎
中型免許 ※3（19歳以上）		◎	◎	◎				◎	◎
準中型免許（18歳以上）			◎	◎				◎	◎
普通免許（18歳以上）				◎※1				◎	◎
大型特殊免許（18歳以上）					◎			◎	◎
大型二輪免許（18歳以上）						◎※1	◎	◎	◎
普通二輪免許（16歳以上）							◎※1※2	◎	◎
小型特殊免許（16歳以上）								◎	
原付免許（16歳以上）									◎

※1 ＡＴ限定免許ではＡＴ車に限る。　※2 小型二輪限定免許では総排気量125cc以下に限る。
※3 大型は21歳未満、中型は20歳未満で他条件あり。

けん引免許	大型、中型、準中型、普通、大型特殊自動車のけん引自動車で、車両総重量が750kgを超える車（重被けん引）をけん引する場合に必要な免許。年齢制限は18歳以上。

Check! おさらいチェックテスト

〈問1〉 原動機付自転車は総排気量100cc以下の自動二輪車のことで、自動車の仲間に入る。
〈問2〉 車などには路面電車や原動機付自転車、軽車両も含まれる。
〈問3〉 原付免許では、原動機付自転車のほかに、農業用の小型特殊自動車も運転することができる。

運転者の基本的な心得

交通ルールは「共通の約束ごと」

　道路は多数の人や車が通行するところです。運転者や歩行者が自分勝手に行動すると、たちまち交通が混乱して交通事故の元になり、自分だけでなく、ほかの人にもたいへん迷惑をかけることになります。交通ルールを守ることは、社会人として基本的な責務なのです。

道路を通行するときの心構え

① 周りの歩行者や車の動きに注意し、相手の立場に立って思いやりの気持ちをもって通行する。
② 通行の利便だけを考えずに、沿道で生活している人たちに不愉快な騒音などの迷惑をかけないようにする。
③ 交通事故や故障のときは連絡や救護などお互いに協力し合うようにする。
④ 走行中に携帯電話は使用できない。緊急な用事などでどうしても使わなければならないときは、安全な場所に車を止めてから使用する。
⑤ 疲労しているときや、少しでも飲酒しているときは運転しない。

沿道の人たちなどに不愉快な騒音などで迷惑をかけない。

携帯電話は安全な場所に車を止めて使う。

Check! おさらいチェックテスト

〈問4〉走行中に携帯電話などを使用しない。

〈問5〉道路にあきカンやビニール袋などを投げ捨てたり、勝手に置いたりしてはならない。

〈問6〉交通事故や故障などで困っている人を見かけたときは、救護や連絡などでお互いに協力し合うことが大切である。

【解答】問4→エ　問5→エ　問6→エ

二輪車の運転方法

二輪車は体格に合ったものを選ぶ

①平地でセンタースタンドを楽に立てられること。
②二輪車にまたがったとき、両足のつま先が地面に届くこと。
③スムーズに8の字型に押して歩けること。

平地でスタンドが楽に立てられる。

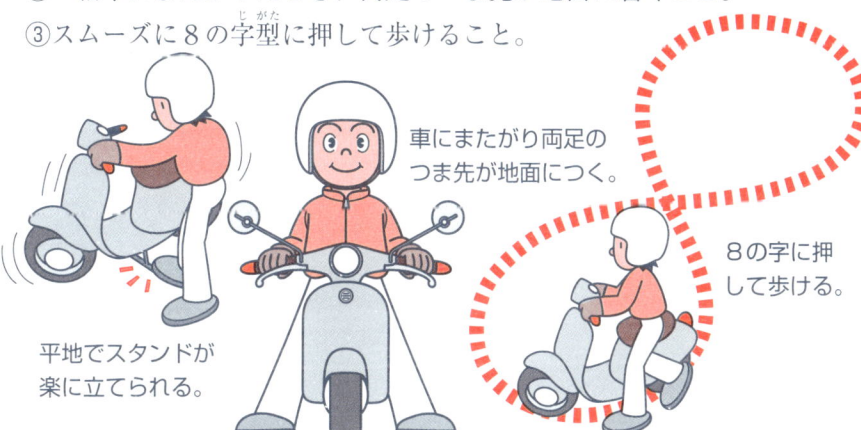

車にまたがり両足のつま先が地面につく。

8の字に押して歩ける。

服装は動きやすいものを着る

二輪車に乗るときは、体の露出がなるべく少ない服装にします。また、ほかの運転者が見えやすいように明るく、目立つ色のものを着用します。

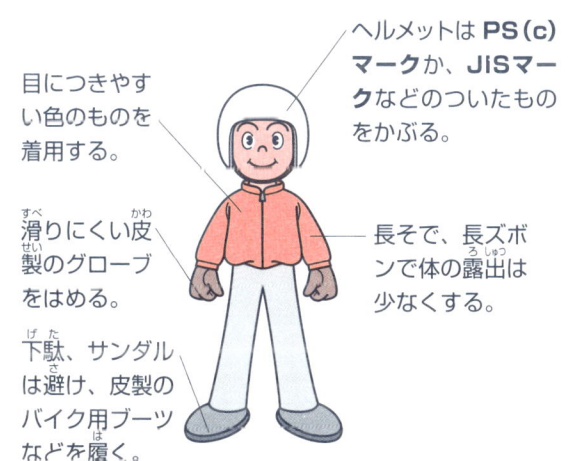

目につきやすい色のものを着用する。

滑りにくい皮製のグローブをはめる。

下駄、サンダルは避け、皮製のバイク用ブーツなどを履く。

ヘルメットはPS(c)マークか、JISマークなどのついたものをかぶる。

長そで、長ズボンで体の露出は少なくする。

(注)夜間は反射性の衣服やヘルメットを着用する。

第2章 交通ルールの基本

二輪車の点検のポイント

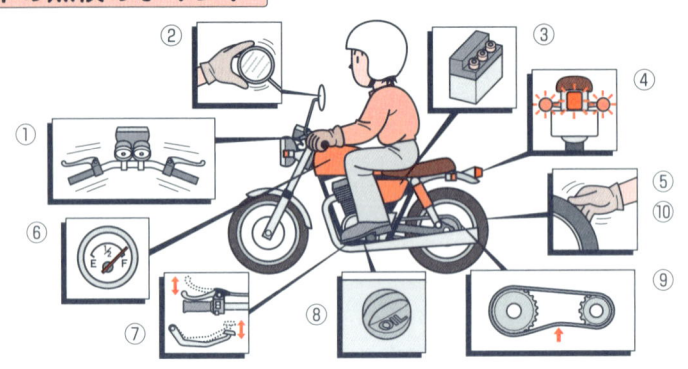

①ハンドルにガタや引っ掛かりがないか。
②バックミラーの位置は適切か。
③バッテリー液は適量か。
④ライト類は完全に点灯するか。
⑤タイヤの空気圧は適正か。
⑥燃料は適量か。
⑦ブレーキの遊びやききは十分か。
⑧エンジンオイルは適量か。
⑨レバー・ペダル・チェーンの遊びは約2〜3cmあるか。
⑩タイヤにクギや小石が刺さっていないか。

改造等の禁止

①変形ハンドルを取りつけたり、消音器(マフラー)を取り外したり、切断したり、マフラーの芯を抜いたり、マフラーに穴を開けたりして二輪車を運転してはならない。

②ナンバープレートを取り外したり、曲げたりして見えにくい状態で二輪車を運転してはいけない。

バイクをやたらに改造してはいけない。

原動機付自転車の積載制限

◆積載物の大きさと積載方法

積載物の総重量＝30kg

30cm
積載物の高さ 2.0m以下
30kg

積載装置の長さ＋30cm以下

15cm 15cm
積載装置の幅＋左右15cm以下

カーブの安全な曲がり方

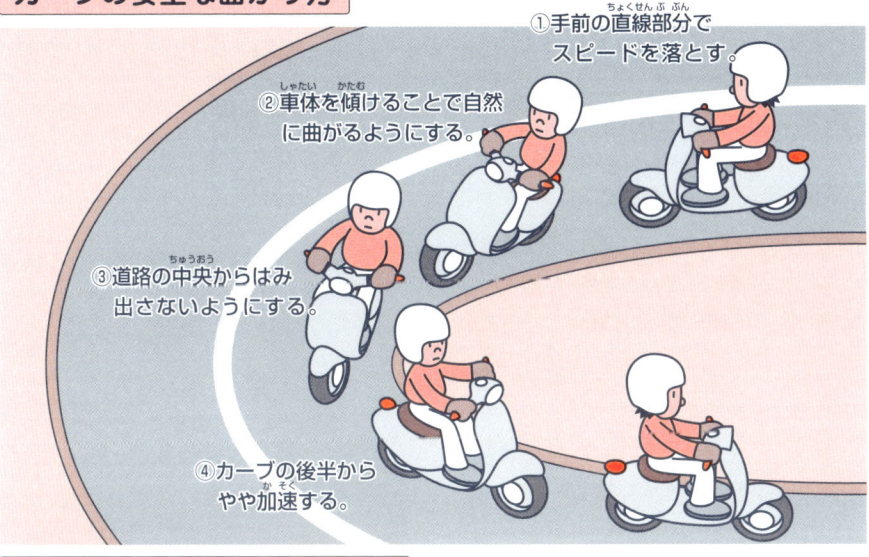

① 手前の直線部分でスピードを落とす。
② 車体を傾けることで自然に曲がるようにする。
③ 道路の中央からはみ出さないようにする。
④ カーブの後半からやや加速する。

第2章 交通ルールの基本

二輪車を押して歩くときには

◆歩行者として扱われるとき

エンジンを止めて押しているとき

◆歩行者として扱われないとき

エンジンをかけているとき

ほかの車をけん引しているときや側車付きのものを押しているとき

Check! おさらいチェックテスト

〈問7〉 二輪車に乗るときの服装は、なるべくほかの運転者が見えやすい目立つ色で、動きやすいものを着用する。

〈問8〉 二輪車は体格に合った大きさのものを選ぶ。

【解答】問7＝正 問8＝正

安全運転に必要な知識

視覚の特性（目の働き）

① 一点だけを注視しないで周囲の交通の状況にも目を配る。

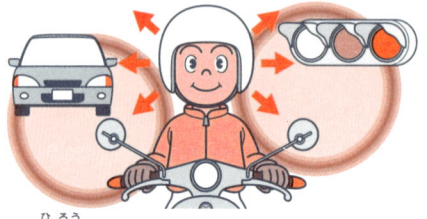

② 高速になると視力が低下し、近くのものが見えにくくなる。

③ 疲労は目に強くあらわれ、見落としや見間違いが多くなる。

④ 急に明るさが変わると、視力は一時的に低下する。

車に働く自然の力

① 摩擦の力
タイヤと路面の間の摩擦抵抗を利用して車を止める。

② 遠心力
カーブの外側に飛び出そうとする力で、速度の2乗に比例する。

③ 衝撃力
車が衝突したときの力で、速度と重量に応じて大きくなる。

④ 速度の影響
制動距離や遠心力などは、速度の2乗に比例して大きくなる。

Check! おさらいチェックテスト

〈問9〉トンネルから出るときには、一時的に視力が低下する。

信号や手信号に従うこと

信号の意味

◆青色の灯火

車や路面電車は直進、左折、右折（軽車両と二段階右折の原付を除く）することができる。

二段階右折をする原付と軽車両は図のように直進してから右折する。

◆黄色の灯火

車などは停止位置から先に進んではならない。しかし、すでに停止位置に近づいていて安全に停止できないときはそのまま進むことができる。

◆赤色の灯火

車などは停止位置を越えて進んではならない。しかし、すでに交差点で右左折している車はそのまま進むことができる（二段階右折の原付と軽車両は除く）。

Check! おさらいチェックテスト

〈問10〉原動機付自転車は右折方法「小回り」*の標識のある交差点で前方の信号が青色のときには直進、左折、右折することができる。

＊（注）「小回り」…41ページ参照。

◆青色の灯火の矢印

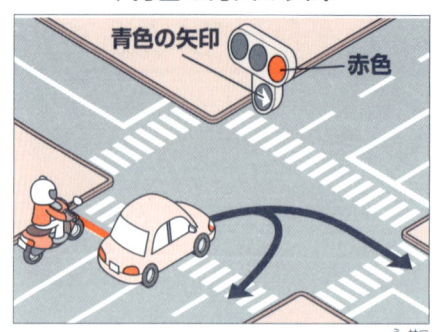

車は矢印の方向に進むことができる。右折の矢印の場合、右折に加えて、転回することができる。ただし、軽車両と二段階右折の原付は進むことができない。

※道路標識等で転回が禁止されている交差点や区間では、転回できない。

◆黄色の灯火の矢印

路面電車の信号で、路面電車は矢印の方向へ進めるが、車は進行できない。

◆黄色の灯火の点滅

車などは他の交通に注意しながら進むことができる。一時停止や徐行の義務はない。

◆赤色の灯火の点滅

車などは停止位置で一時停止し、安全を確認してから進むことができる。

「左折可」の標示板がある場合

白地に青の左向き矢印の標示板（左折可）があるときは、車は前方の信号が赤色や黄色であっても（警察官の手信号も同じ）、歩行者などに注意しながら左折することができる。
この場合、歩行者などの通行を妨げてはならない。

警察官、交通巡視員による信号

◆**手信号**（腕を横に水平に上げているとき）

身体に平行する交通は青信号と同じ。
身体に対面する交通は赤信号と同じ。
（腕を下ろしているときも同じ）

◆**手信号**（腕を垂直に上げているとき）

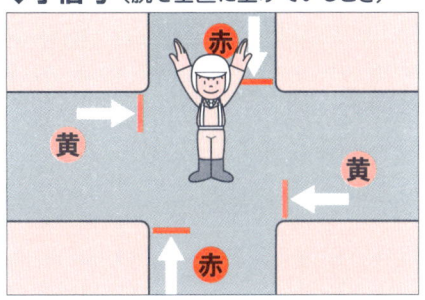

身体に平行する交通は黄信号と同じ。
身体に対面する交通は赤信号と同じ。

◆**灯火信号**（灯火を横に振っているとき）

身体に平行する交通は青信号と同じ。
身体に対面する交通は赤信号と同じ。

◆**灯火信号**（灯火を頭上に上げているとき）

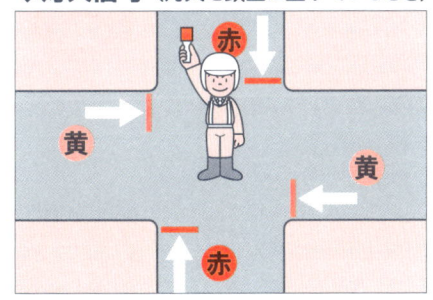

身体に平行する交通は黄信号と同じ。
身体に対面する交通は赤信号と同じ。

信号機の信号と手信号・灯火信号が違う場合

信号機と警察官や交通巡視員の手信号、灯火信号が違う場合は、警察官などの手信号や灯火信号に従って通行する。

Check! おさらいチェックテスト

〈問11〉 前方の信号が赤色または黄色であっても、青の左向きの矢印の灯火が出ているときは、車は矢印の方向に進むことができる。

〈問12〉 交差点で警察官が腕を垂直に上げているときは、警察官に対面する交通については信号機の青色の灯火と同じ意味である。

〈問13〉 交通巡視員の手信号が信号機の信号と異なっているときには、信号機の信号に従って通行する。

標識・標示に従うこと

※巻頭の道路標識・標示一覧表を参照してください。

- ●標識 ── 本標識 ── ①規制標識
  - ②指示標識
  - ③警戒標識
  - ④案内標識
  - ⑤補助標識
- ●標示 ── ①規制標示
  - ②指示標示

主な標識とその意味

①規制標識
特定の交通方法を禁止したり、特定の方法に従って通行するように指定したりするもの。

- 通行止め
- 指定方向外進行禁止（青色）
- 最高速度 50

②指示標識
特定の交通方法ができることや道路交通上決められた場所などを指示するもの。

- 停車可 停（青色）
- 優先道路（青色）
- 安全地帯

③警戒標識
道路上の危険や注意すべき状況などを前もって道路利用者に知らせて注意を促すもの。

- 踏切あり（黄色）
- 幅員減少（黄色）
- すべりやすい（黄色）

④案内標識
地点の名称、方面、距離などを示して、通行の便宜を図ろうとするもの。

- 方面と距離 ↑横浜25km 大森5km（青色）
- 入口の予告 名神高速 MEISHIN EXPWY 入口 150m（緑色）
- 国道番号 国道142 ROUTE（青色）

⑤ **補助標識**
本標識の上や下に取りつけられ、その意味を補足するもの。

車両の種類
- 原付を除く
- 大型貨物自動車等

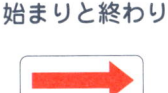

通学路など
- 通学路
- 追越し禁止

始まりと終わり
- →
- ここから
- ←

> **主な標示とその意味**

① **規制標示**
特定の交通方法を禁止または指定するもの。

- 転回禁止（黄色）
- 駐車禁止（黄色）
- 立入り禁止部分（黄色）

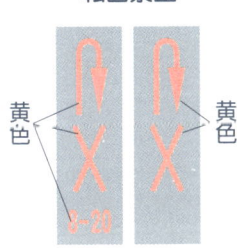

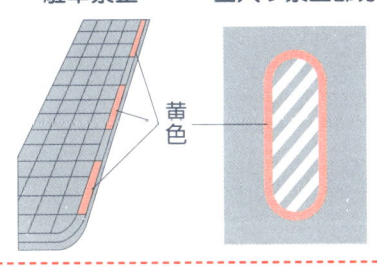

② **指示標示**
特定の交通方法ができることや道路交通上決められた場所などを指示するもの。

- 横断歩道
- 右側通行
- 進行方向の指示

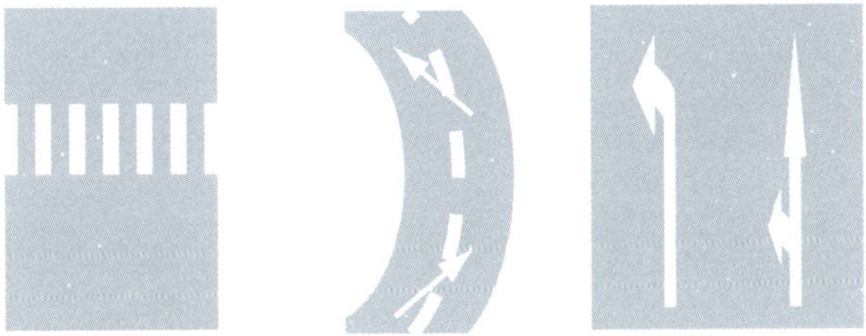

✏ Check! おさらいチェックテスト

〈問14〉 本標識には規制標識・指示標識・警戒標識・案内標識・補助標識の5種類がある。

〈問15〉 指示標識は、特定の交通方法ができることや道路交通上決められた場所などを指示するものである。

〈問16〉 右上の標識は50キロメートル毎時の速度制限が解除されたことを意味している。

〈問17〉 右の標示は、道路上に設けられた車の駐車場所であることを示している。

車の通行できるところ、できないところ

車の通行するところ

■車両通行帯のない道路
道路の左寄りを通行する。
（キープレフトの原則）

■車両通行帯のある道路（※原動機付自転車は最も左側の通行帯を通行する）
2車線のときは左側の通行帯を通行する。

3車線以上なら最も右側をあけ、それ以外の通行帯を通行する。

通行帯の右側部分にはみ出して通行できるとき

①一方通行のとき

②道路工事など障害物があるとき

③「右側通行」の標示があるとき

④6m未満の狭い道路で車を追い越すとき

見通しのよい道路で反対方向の交通を妨げる場合や、標識や標示で禁止されている場合を除く。

自動車が通行できないところ

■標識で禁止されている

- 通行止め
- 車両通行止め
- 車両（組合せ）通行止め
- 特定小型原動機付自転車・自転車専用
- 歩行者専用

■標示などで禁止されている

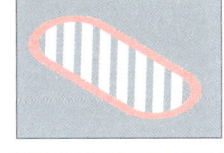

- 安全地帯 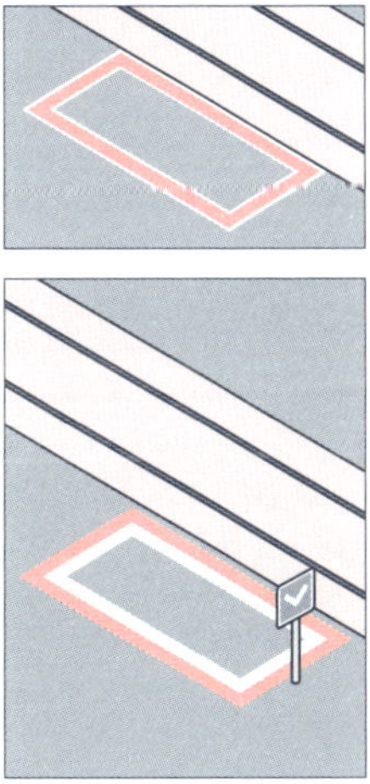
- 立入り禁止部分 
- 軌道敷内（原則として不可）

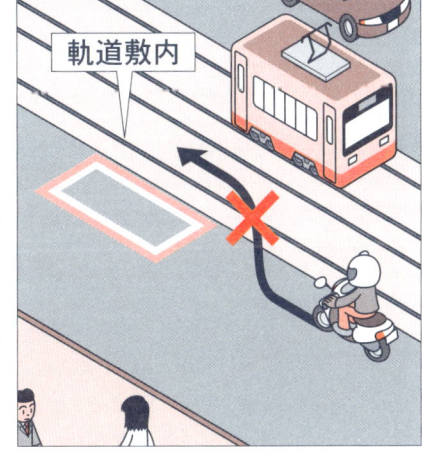

■通行禁止の例外

① 軌道敷内は右左折や危険を避けるためやむを得ない場合。「軌道敷内通行可」の標識*がある場合（原付を除く）は通行できる。

＊「軌道敷内通行可」の標識（原付を除く）

② 歩行者用道路でも、沿道に車庫を持つなどの理由で、とくに通行を認められた車や緊急自動車は通行できる（この場合、歩行者がいなくても徐行しなければならない）。

渋滞中に入れない場所

前方の交通が混雑していて、以下の場所（交差点、踏切内、横断歩道など）で動きがとれなくなるおそれがあるときは進入してはならない。

①交差点内

②踏切内

③横断歩道や自転車横断帯の上

④「停止禁止部分」の標示の上

Check! おさらいチェックテスト

〈問18〉 同一方向に2つの車両通行帯がある道路では、速度の遅い車は左側の通行帯を通行し、速度の速い車は右側の通行帯を通行する。

〈問19〉 車両通行帯のある道路では、追い越しなどでやむを得ないときは、右側の車両通行帯へ進路を変更して通行することができる。

〈問20〉 車は原則として軌道敷内を通行できないが、右左折・横断・転回などで軌道敷内を横切るときは通行できる。

〈問21〉 前方の信号機の信号が青色であっても、交通が混雑していてそのまま進めば交差点内に止まってしまうおそれのあるときは、その交差点に入ってはならない。

【解答】問18－誤　問19－正　問20－正　問21－正

緊急自動車などの優先

交差点やその付近で緊急自動車が近づいてきたとき

交差点を避けて道路の左側に寄って一時停止する。

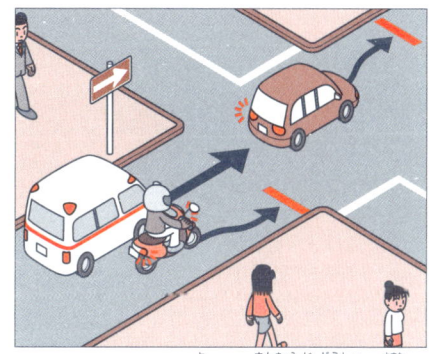

一方通行で左側に寄ると緊急自動車の妨げになるときは右側に寄り一時停止する。

交差点以外の場所で緊急自動車が近づいてきたとき

道路の左側に寄って進路を譲る。

一方通行で左側に寄ると緊急自動車の妨げになるときは、道路の右側に寄る。

Check! おさらいチェックテスト

〈問22〉 一方通行でない交差点付近で緊急自動車が近づいてきたときは、道路の左側に寄って進路を譲らなければならない。

〈問23〉 交差点の付近の車両通行帯を通行しているときは、緊急自動車が接近してきても進路を譲る必要はない。

路線バスなどの優先

バスの発進を妨げない

停留所で止まっている路線バスが発進の合図をしたときは、その発進を妨げてはならない（急ブレーキなどで避けなければならないときを除く）。

バス専用通行帯

小型特殊自動車や原動機付自転車、軽車両以外の車は通行してはならない（右左折や道路工事などやむを得ない場合を除く）。

バス優先通行帯

小型特殊車、原付、軽車両は除く。

通行はできるが、路線バスが近づいてきたら、速やかに通行帯から出なければならない（左折、道路工事などでやむを得ない場合を除く）。

交通が混雑して通行帯から出られなくなるおそれのあるときは、初めから通行してはいけない（小型特殊車、原付、軽車両を除く）。

Check! おさらいチェックテスト

〈問24〉 路線バスなどの優先通行帯は、路線バスのほか軽車両だけが通行できる。

〈問25〉 停留所で止まっている路線バスが方向指示器などで発進の合図をしたときは、後方の車は急いで通過する。

歩行者の保護

歩行者や自転車のそばを通るとき

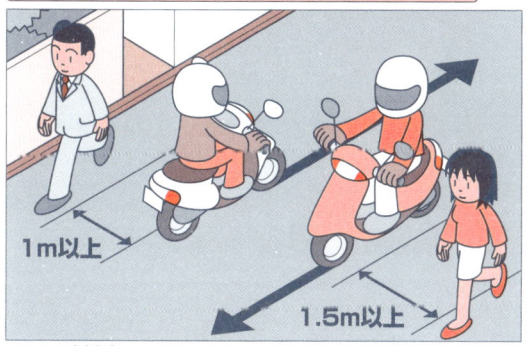

1m以上
1.5m以上
徐行する

安全な間隔をあけるか、安全な間隔がとれないときは徐行する。

水たまりなどがあるところ

泥や水をはねて他人に迷惑をかけないように、徐行するなど注意して通る。

停止中の車のそばを通るとき

急にドアが開いたり、車のかげから人が飛び出したりすることがあるので注意する。

安全地帯のそばを通るとき

安全地帯に歩行者がいるときは徐行する。

安全地帯に歩行者がいないときはそのまま通過できる。

第2章 交通ルールの基本

停止中の路面電車のそばを通るとき

乗降客や道路を横断する人がいるときは一時停止する。

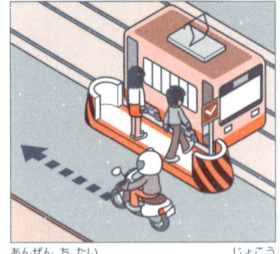

安全地帯があるときは徐行して進むことができる。

人がいなくて路面電車との間隔が1.5m以上あるときは徐行して進むことができる。

こどもの保護

■ひとり歩きのこども

一時停止か徐行して安全に通行させる。

■乗降のため停車中の通学通園バスのそばを通るとき

徐行して安全を確かめる。

身体の不自由な人や高齢者などの保護

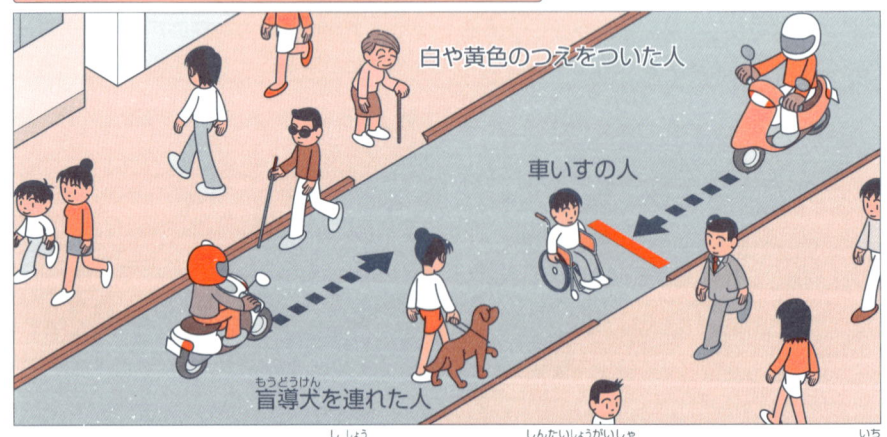

白や黄色のつえをついた人

車いすの人

盲導犬を連れた人

上記のイラストのように通行に支障のある高齢者や身体障害者が歩いているときは、一時停止するか徐行して、安全に通行できるようにする。

横断中の歩行者などの保護

■歩行者や自転車が横断しているときや、横断しようとしているとき

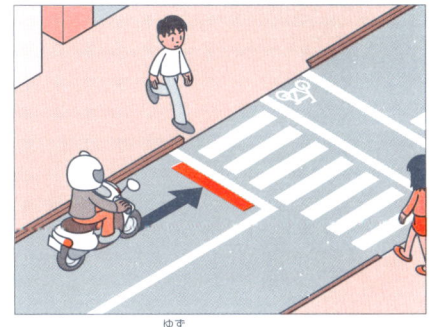

停止線の手前で一時停止をして、歩行者や自転車などに道を譲る。

■横断するかどうか判断がつかないとき

横断歩道の手前で停止できるように速度を落として進む。

■横断歩道や自転車横断帯の手前に停止車両があるとき

停止車両の前に出る前に一時停止しなければならない。

Check! おさらいチェックテスト

〈問26〉 歩行者や自転車の近くを通行するときは、安全な間隔をあけて通行できないときは、徐行しなりればならない。

〈問27〉 安全地帯のない停留所で路面電車が止まっていて、乗降客や道路を横断する人がいないときは、路面電車との間に1.5メートル以上の間隔をとることができれば徐行して進むことができる。

〈問28〉 白や黄色のつえを持った人や盲導犬を連れて歩いている人がいる場合でも、これらの人との間に安全と思われる間隔をあけられれば徐行する必要はない。

【解答】問26-⭕ 問27-⭕ 問28-✗

安全な速度と停止距離

法定速度

【一般道路の最高速度】

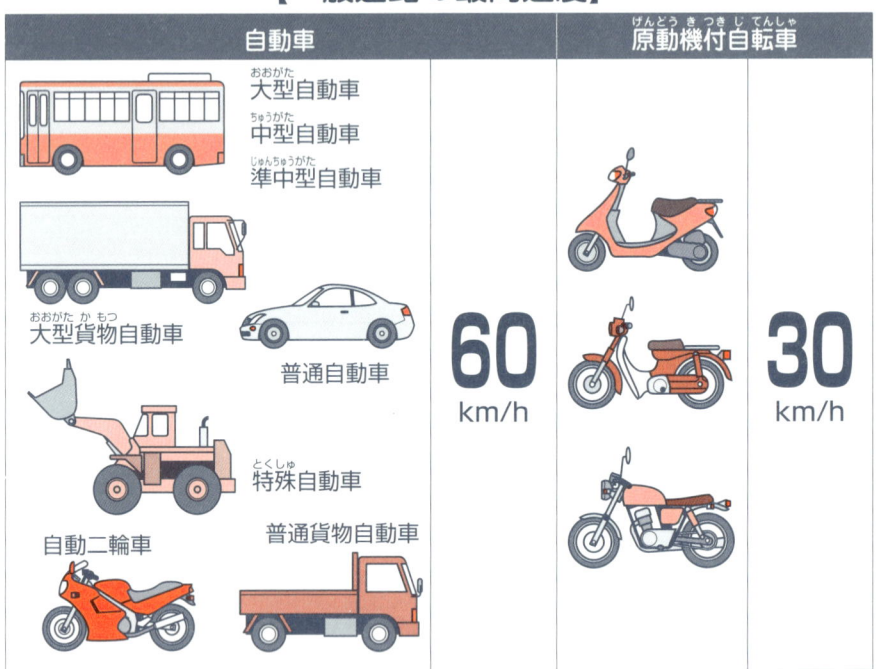

自動車	原動機付自転車
大型自動車 / 中型自動車 / 準中型自動車 / 大型貨物自動車 / 普通自動車 / 特殊自動車 / 自動二輪車 / 普通貨物自動車 **60 km/h**	**30 km/h**

＊標識や標示で最高速度が規制されているときはその速度以内で走行する。

停止距離とは

空走距離 ＋ 制動距離 ＝ 停止距離

危険を感じてからブレーキをかけ、ききはじめるまでに走る距離

ブレーキがききはじめてから完全に停止するまでに走る距離

危険を感じてからブレーキをかけ、完全に停止するまでに走る距離

徐行しなければならない場所

■徐行の標識があるところ

■左右の見通しがきかない交差点
（交通整理が行われている場合や優先道路を除く）

■道路の曲がり角付近

■上り坂頂上付近やこう配の急な下り坂

Check! おさらいチェックテスト

〈問29〉 車を運転するときは、法令や標識などで定められた速度の範囲内での安全な速度で走行する。

〈問30〉 運転者が疲れていると、危険を認知してから判断するまでに時間がかかるので、空走距離は長くなる。

〈問31〉 道路の曲がり角付近では、見通しが悪いときは徐行しなければならないが、見通しがよければ徐行の必要はない。

【解答】問29→正　問30→正　問31→誤

進路変更など

ミラーなどで安全確認する

進路変更や転回などをしようとするときはあらかじめバックミラーなどで安全を確認してから合図を送る。

進路変更が禁止されている場合

後ろから来る車が急ブレーキや急ハンドルで避けなければならない場合は進路変更できない。

車両通行帯が黄色の線で標示された道路では進路変更できない

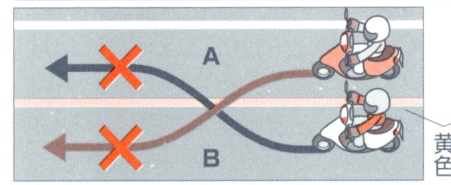

A、Bのどちらへも進路変更できない。

AからBへは可。BからAへは不可。

◆右左折・転回をするときは、それを行う地点から30m手前で合図する（環状交差点を除く）。
◆進路変更するときは、その約3秒手前で合図する。
◆環状交差点で右左折・転回するときは、出ようとする地点のひとつ手前の出口を通過したときに合図する。

横断や転回の禁止

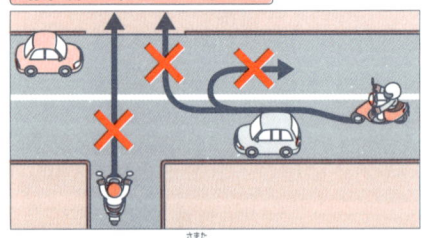

ほかの車の通行の妨げになるときは横断や転回をしてはならない。

割り込みや横切りなどの禁止

ほかの車の前方に急に割り込んだり、その前を横切ったり、並んで走っている車に幅寄せをしてはいけない。

Check! おさらいチェックテスト

〈問32〉黄色の線で車両通行帯が標示された道路では進路変更ができる。

追い越し／追い抜き

追い越しと追い抜きの違い

◆追い越し…進路を変えて進行中の車の前方に出ること。

◆追い抜き…進路を変えないで進行中の車の前方に出ること。

追い越しが禁止されている場合

①前の車がその前の自動車を追い越そうとしているとき（二重追い越し）

②前の車が右折などのため右側に進路を変えようとしているとき

③道路の右側部分にはみ出して追い越すと対向車の進行の妨げになるとき

④後ろの車が自分の車を追い越そうとしているとき

第2章 交通ルールの基本

追い越しが禁止されている場所

①追越し禁止の標識がある場所

②道路の曲がり角付近

③上り坂の頂上付近やこう配の急な下り坂

④車両通行帯のないトンネル

⑤交差点とその手前30m以内の場所
（優先道路を通行中は追い越しできる）

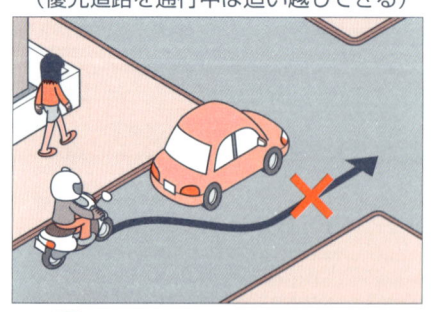

⑥踏切と横断歩道、自転車横断帯とその手前30m以内の場所

Check! おさらいチェックテスト

〈問33〉 横断歩道とその手前30メートル以内のところでは、追い越しは禁止されているが、追い抜きはしてもよい。

〈問34〉 道路の曲がり角付近、上り坂の頂上付近やこう配の急な下り坂は追い越しが禁止されている。

交差点などの通行

右折・左折のしかた（環状交差点を除く）

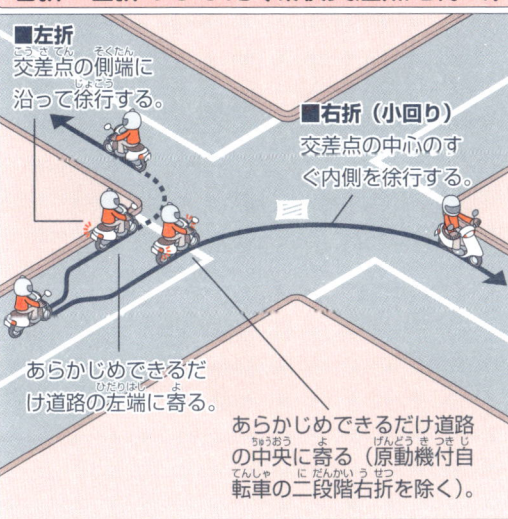

■左折
交差点の側端に沿って徐行する。

■右折（小回り）
交差点の中心のすぐ内側を徐行する。

あらかじめできるだけ道路の左端に寄る。

あらかじめできるだけ道路の中央に寄る（原動機付自転車の二段階右折を除く）。

■一方通行の道路で右折するとき（環状交差点を除く）

あらかじめ道路の右端に寄り、交差点の中心の内側を徐行する。

■右折時は対向車（直進・左折）が優先（環状交差点を除く）

右折するときは、直進や左折する対向車の進行を妨げてはいけない。

環状交差点の通行のしかた

■環状交差点とは
図のように通行部分が環状（ドーナツ状）の、右回りに通行することが指定されている交差点。

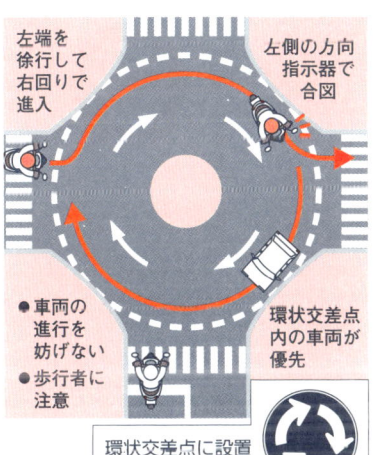

- 左端を徐行して右回りで進入
- 左側の方向指示器で合図
- 車両の進行を妨げない
- 歩行者に注意
- 環状交差点内の車両が優先

環状交差点に設置される道路標識

■環状交差点の通行のしかた
①環状交差点に入るときは、あらかじめ道路の左端に寄り、徐行して進入する（方向指示器の合図は不要）。
②環状交差点進入時は、横断歩行者の通行や交差点内を通行中の車両の進行を妨げてはならない。
③環状交差点内は、できるだけ交差点の左側端に沿って、右回り（時計回り）に徐行して通行する。
④環状交差点内通行中は優先車両となる（左方から環状交差点に進入する車に優先して通行できる）。
⑤環状交差点から出るときは、出る地点のひとつ前の出口通過直後に左折の合図をし、交差点を出るまで合図を継続する（進入直後の出口を左折するときは進入後ただちに合図を始める）。

第2章 交通ルールの基本

41

標識や標示に従って通行する

車両通行帯がある交差点で進行方向ごとに通行区分が指定されているときは、指定された区分に従って通行しなければならない。

〈進行方向別通行区分〉　　　　〈指定方向外進行禁止〉

（進行方向別通行区分）　（右左折の方法）

原動機付自転車の二段階右折の方法

■二段階右折しなければならない場合（環状交差点を除く）
1) 「右折方法（二段階）」の標識があり、信号機のある交差点
2) 車両通行帯が3車線以上で、信号機のある交差点
　（交差点の近くだけ3車線になっている場合でも二段階右折する）

■二段階右折の方法

④その地点で右に向きを変え右折の合図をやめる。
⑤前方の信号が青になってから進む。
③青信号で徐行しながら交差点の向こう側まで進む。
①右折の合図をする。
②あらかじめ道路の左端に寄る。

一般原動機付自転車の右折方法（二段階）

一般原動機付自転車の右折方法（小回り）

■二段階右折しない場合（小回り）
　（環状交差点を除く）
1) 「右折方法（小回り）」の標識のある交差点
2) 交通整理のされていない交差点
3) 車両通行帯が2車線以下の交差点

交通整理が行われていない交差点の通行のしかた

■交差する道路が優先道路のとき
（環状交差点を除く）

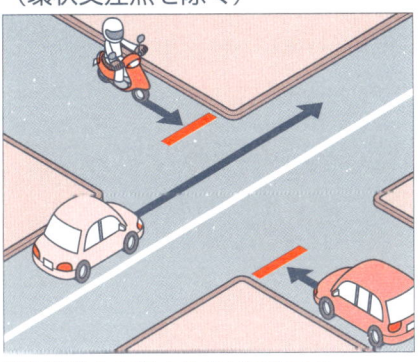

優先道路を走行する車が優先する。

■交差する道路の幅が広いとき
（環状交差点を除く）

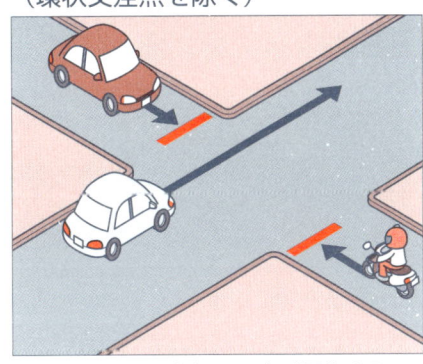

幅の広い道路を走行する車が優先する。

■道幅が同じような交差点（環状交差点を除く）

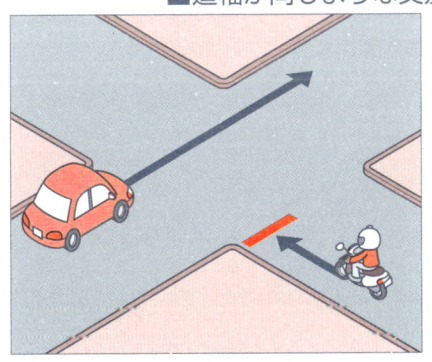

左方向から来る車が優先する。

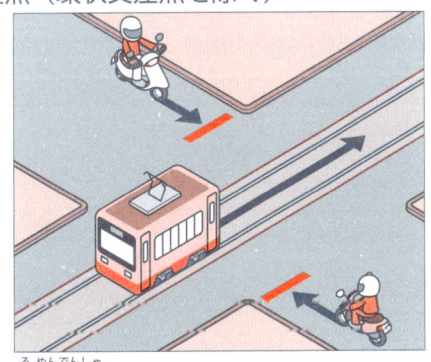

路面電車が優先する。

■「一時停止」の標識のあるとき
停止線の直前（停止線のないときは交差点の直前）で一時停止し、交差する道路を通行する車や路面電車の進行を妨げてはならない。

止まれ

一時停止

Check! おさらいチェックテスト

〈問35〉右折や左折をするときには、必ず徐行しなければならない。

〈問36〉左側部分の通行帯が2つある道路の交差点を原動機付自転車で右折するとき、標識による右折方法の指定がなければ小回り右折をする。

駐車と停車

駐車とは

車が継続的に停止すること。運転者が車から離れていてすぐに運転できない状態。

停車とは

駐車にあたらない短時間の停止。人の乗り降りや5分以内の荷物の積卸しなど。

駐停車禁止の場所

①標識や標示のある場所

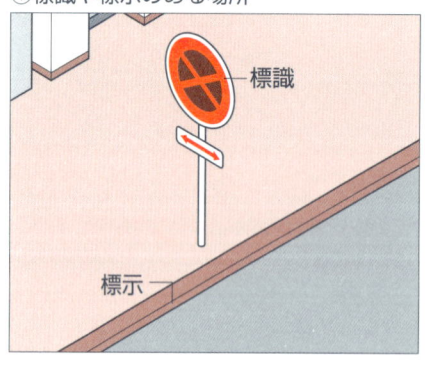

標識
標示

②軌道敷内

③坂の頂上付近やこう配の急な坂

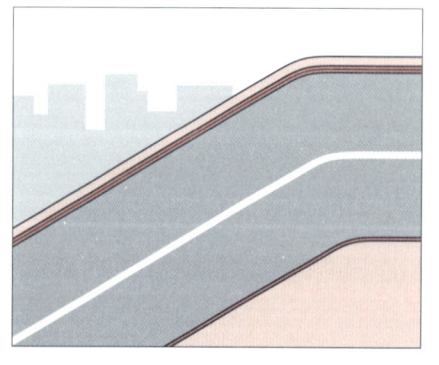

④トンネル内

⑤交差点とその端から5m以内の場所

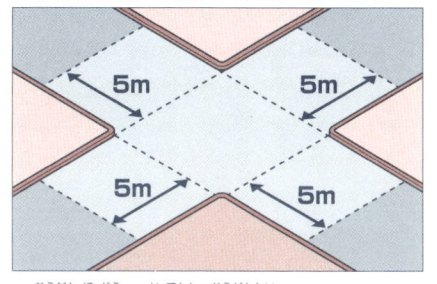

⑥道路の曲がり角から5m以内の場所

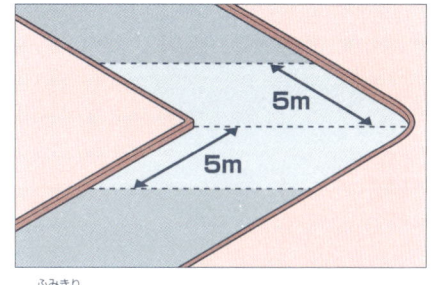

⑦横断歩道、自転車横断帯とその端から前後に5m以内の場所

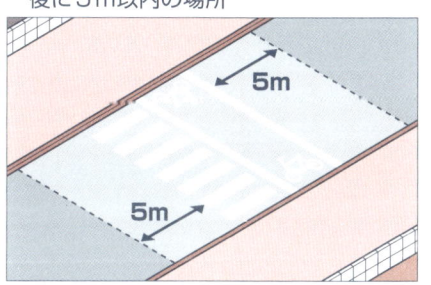

⑧踏切とその端から前後10m以内の場所

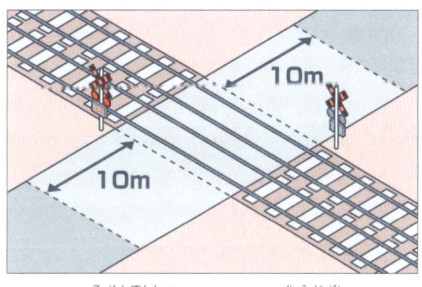

⑨安全地帯の左側とその前後10m以内の場所

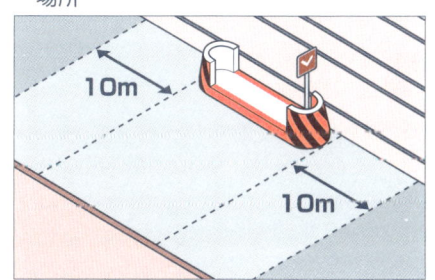

⑩バス、路面電車の停留所の標示板（柱）から10m以内の場所（運行時間中に限る）

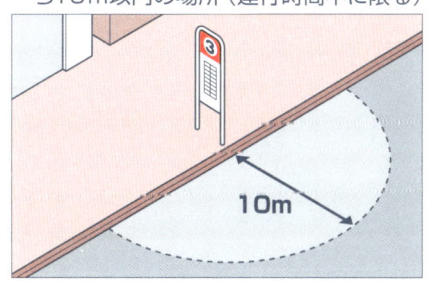

駐車禁止の場所

①標識や標示のある場所

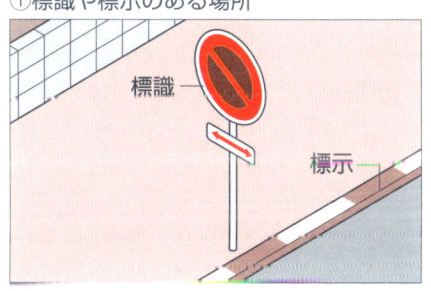

②火災報知機から1m以内の場所

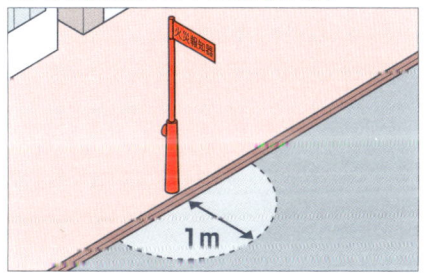

③駐車場、車庫などの自動車専用の出入口から3m以内の場所

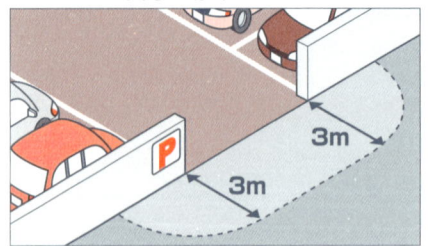

④道路工事の区域の端から5m以内の場所

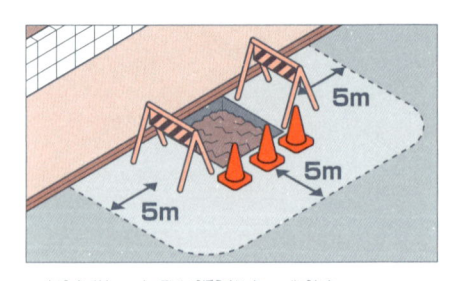

⑤消防用機械器具の置場、消防用防火水そう、これらの道路に接する出入口から5m以内の場所

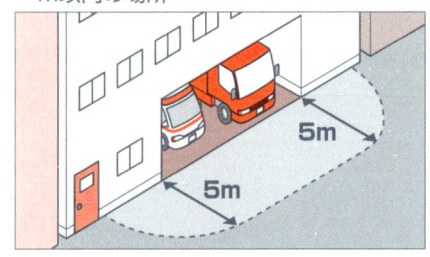

⑥消火栓、指定消防水利の標識が設けられている位置や消防用防火水そうの取り入れ口から5m以内の場所

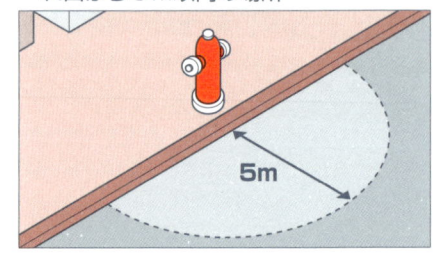

⑦狭い道路(車の右側に3.5m以上の余地がないと駐車できない)

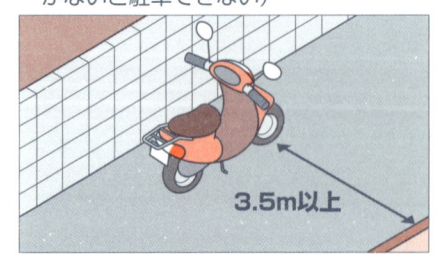

⑧駐車余地の標識(補助標識に指定された余地のないときは駐車できない)

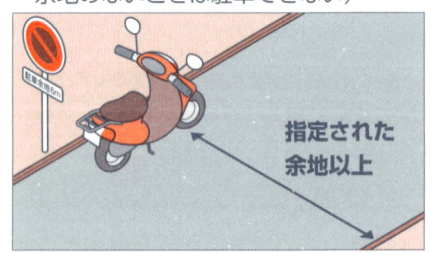

駐停車のしかた

①歩道や路側帯のない道路

道路の左端に沿う

②歩道や路側帯のある道路

車道の左端に沿う

③ 1本線の路側帯のある道路
～幅が0.75m以下の場合～

車道の左端に沿う　0.75m以下

～幅が0.75mを超える場合～

路側帯の中に入り0.75m以上の余地をあける　0.75mを超える

④ 2本線の路側帯のある道路
～実線と破線の場合（駐停車禁止路側帯）～

幅が広くてもその中に入れず、車道の左端に沿う

～実線が2本の場合（歩行者用路側帯）～

幅が広くてもその中に入れず、車道の左端に沿う

⑤ 道路に平行して駐停車している車と並んで駐停車はできない。

Check! おさらいチェックテスト

〈問37〉 駐車禁止の場所であっても、荷物の積卸しの場合は時間に関係なく駐車できる。

〈問38〉 トンネルの中は、車両通行帯の有無にかかわらず駐停車が禁止されている。

〈問39〉 道路工事の区域の端から5m以内のところでは駐車も停車も禁止されている。

〈問40〉 停車や駐車が禁止されている場所でも右の標識によって認められていれば駐車や停車ができる。

〈問41〉 路側帯や歩道のないところで駐車するときには、道路の左端に沿って行う。

踏切の通過方法

①一時停止と安全確認

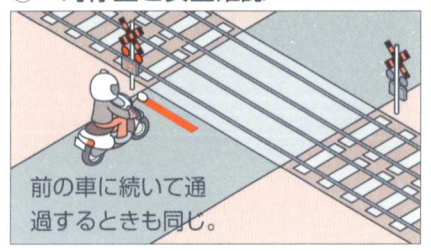

前の車に続いて通過するときも同じ。

踏切の手前で必ず一時停止し、自分の目と耳で左右の安全を確認する。

②低速ギアで一気に通過

エンスト防止のため、発進したときの低速ギアのまま一気に通過する。

③中央寄りを通過

落輪防止のため、歩行者や対向車に注意し、やや中央寄りを通過する。

◆信号機のある踏切を通過する場合

安全確認をすれば、一時停止せず信号機に従って通過できる。

◆渋滞時の進入禁止

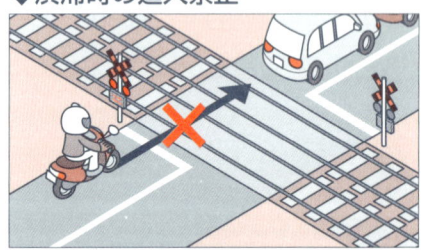

踏切の向こう側が混雑していたら、踏切に進入しない。

◆警報機、しゃ断機による進入禁止

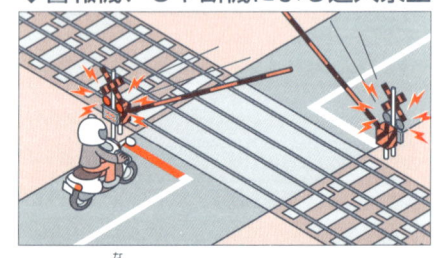

警報機が鳴っているときやしゃ断機が下りてきたときは踏切に入ってはいけない。

✏️ **Check!** おさらいチェックテスト

〈問42〉見通しのよい踏切では、安全を確認できれば一時停止しなくても通過することができる。

悪条件下の運転など

夜間の運転

①昼間より速度を落とし、視線をできるだけ先に向けて少しでも早く障害物を発見するようにする。

②走行中に自分の車と対向車のライトで道路の中央付近の歩行者が見えなくなる（蒸発現象）ことがあるので十分注意する。

雨の日の運転

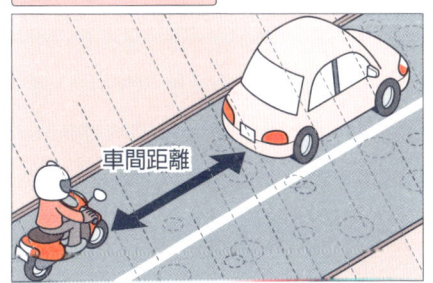

①晴れの日より速度を落とし、車間距離を十分とって慎重に運転する。

②雨の日は悪条件が重なるので急発進や急ハンドル、急ブレーキは避ける。

坂道での運転

①上り坂で前車に続いて停止するときは、接近しすぎないようにする。

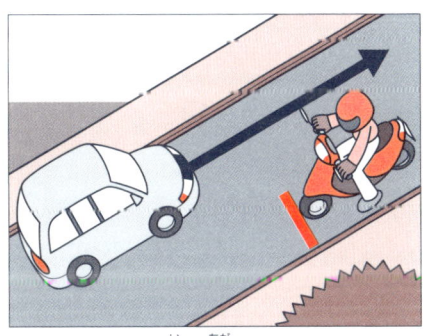

②坂道で安全な行き違いができないときは、下りの車が停止して道を譲る。

霧のときの運転

①前照灯をつける。

②前照灯は上向きにすると光が乱反射して見づらくなるので、下向きにする。

③中央線やガードレール、前車の尾灯を目安に、速度を落として走行する。

④危険防止のため、必要に応じて警音器を使う。

前照灯などを点灯しなければならないとき

日没から日の出まで

①夜間、道路を通行するときは明るい暗いに関係なく前照灯や車幅灯、尾灯などを点灯しなければならない。

②昼間でもトンネルの中や濃い霧の中などで50m先が見えないようなときは点灯しなければならない。

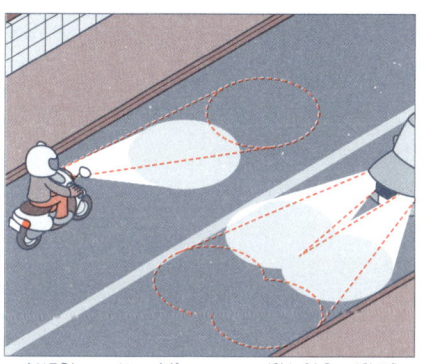

③対向車と行き違うときは前照灯を減光するか、下向きに切り替えなければならない。

④交通量の多い市街地では常に前照灯を下向きに切り替えて運転する。

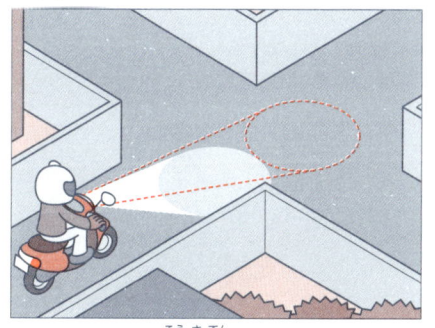

⑤見通しの悪い交差点やカーブなどの手前では前照灯を上向きにするか点滅して、ほかの車や歩行者に交差点への接近を知らせるようにする。

ぬかるみなどでの運転

ぬかるみや砂利道などでは、低速ギアなどを使って速度を落として通行する。

Check! おさらいチェックテスト

〈問43〉夜間、照明の明るい道路を通行するときは前照灯をつけないで運転してもよい。

〈問44〉雨の日は、前方の見通しが悪いので、車間距離を短めにとるようにする。

〈問45〉坂道で安全な行き違いができないときは、下りの車が停止して道を譲らなければならない。

〈問46〉霧の中を走行するときは、前方を見やすいようにライトを上向きにする。

【解答】問43－誤 問44－誤 問45－正 問46－誤

交通事故のとき

交通事故の発生

①事故の続発を防ぐ

ほかの交通の妨げにならないように車を安全な場所に移動し、エンジンを切る。

②負傷者を救護する

救急車が到着するまでの間、可能な応急処置をする。頭部に傷を受けている場合には、むやみに動かさない。

③警察官へ報告する

警察官が現場にいない場合は、110番通報する。警察官が現場にいれば、警察官の指示に従う。

◆**被害者になったとき**

軽いけがでも必ず警察に届け、医師の診断を受ける。

◆**ひき逃げを見かけたら**

負傷者を救護するとともに、車のナンバーや特徴を警察に届け出る。

✏ Check! おさらいチェックテスト

〈問47〉交通事故が起きたときは、事故の続発を防ぐため、ほかの交通の妨げにならない場所に車を移動し、エンジンを切る。

〈問48〉交通事故を起こしたときは、救急車を待つ間、止血などの応急処置をする。

緊急時の措置

緊急事態が発生したら

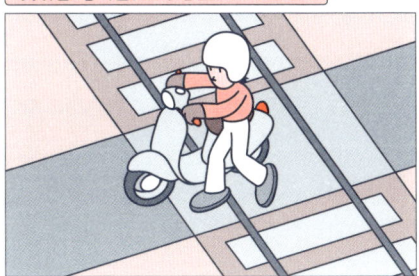

① 踏切や交差点で故障したときは、車から降りて少しでも早く踏切や交差点内から出る。

② 走行中にスロットルが下がらなくなったときは、点火スイッチを切ってエンジンの回転を止める。

③ 走行中にタイヤがパンクしたときは、ハンドルをしっかり握り、断続的にブレーキをかける。

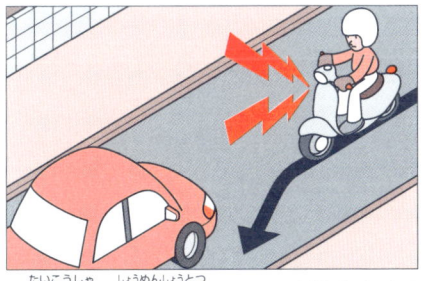

④ 対向車と正面衝突のおそれが生じたときは、警音器とブレーキを同時に使い、できる限り左側によける。

大地震が発生したら

① できるだけ安全な方法で道路の左側に停止させる。

② 停止後は地震情報や交通情報を聞き、行動する。

③ 車は道路外の場所に置き、エンジンキーをつけたままにしておく。

第2章 交通ルールの基本

本番前に大事なとこだけ総まとめ！
直前チェックポイント

通行できないとき・場所
① 標識や標示によって通行が禁止されている場所。
② 路側帯や歩道、自転車道は原則として通行できない。ただし、道路に面した場所に出入りするために横切ることはできる。
③ 軌道敷内は原則として通行できない。ただし、標識によって認められている車や右左折、横断、転回する場合、左側部分の幅が車の通行のために十分ではない場合には通行できる。
（注）学校や幼稚園などの付近や通学路の標識のある場所では、とくに注意して通行する。

徐行しなければいけないとき・場所
① 「徐行」の標識のある場所。
② 左右の見通しのきかない交差点（信号機のある場合や優先道路を通行している場合を除く）。
③ 道路の曲がり角付近。
④ 上り坂の頂上付近とこう配の急な下り坂。
⑤ 交差点を右左折するとき。
⑥ 交差する道路が優先道路か道幅が広いとき。
⑦ 歩行者や自転車との間に安全な間隔があけられないとき。
⑧ 乗降のため停車している通学通園バスのそばを通るとき。
⑨ 安全地帯のない停留所に路面電車が止まっていて、乗り降りする人がいないときで、客のいない路面電車との間隔が**1.5m以上**あるとき。
⑩ 歩行者のいる安全地帯のそばを通るとき。
⑪ とくに通行が認められた車が歩行者用道路を通るとき。

✏️ Check! おさらいチェックテスト

〈問49〉道路の路側帯は原則として通行できないが、原動機付自転車は通行することができる。

〈問50〉上り坂の頂上付近とこう配の急な上り坂は必ず徐行しなければならない。

【解答】問49 ー 誤　問50 ー 誤

⑫ ぬかるみや水たまりのある場所。

一時停止か徐行するとき・場所

① こどもがひとり歩きしているとき。
② 身体障害者用の車いすで通行している人がいるとき。
③ 盲導犬をつれた人や、つえをついた人が歩いているとき。
④ 歩行に支障のある高齢者が通行しているとき。

一時停止をするとき・場所

① 「一時停止」の標識のある場所。
② 安全地帯のない停留所で路面電車が止まっていて、乗降客がいるとき。
③ 歩行者や自転車が横断歩道や自転車横断帯を横断しているとき。
④ 横断歩道やその手前に停止している車のそばを通って前に出るとき。
⑤ 交差点近くを通行中に緊急自動車が接近してきたとき。
⑥ 信号機のない踏切を通過するとき。
⑦ 片側が崖の道路で崖側の車が安全に行き違いできないとき。
⑧ 赤の信号が点滅しているとき。

追い越しできないとき・場所

① 標識によって禁止されている場所。
② 道路の曲がり角付近。
③ 上り坂の頂上付近やこう配の急な下り坂。
④ 車両通行帯のないトンネルの中。
⑤ 交差点（優先道路を通行している場合を除く）、踏切、横断歩道、自転車横断帯とその手前から**30m以内**の場所。
⑥ 前の車が自動車を追い越そうとしているとき（二重追い越し）。
⑦ 前の車が右側へ進路を変更しようとしているとき。

Check! おさらいチェックテスト

〈問51〉 狭い道路で歩行者が歩いているそばを通るときは、必ず一時停止か徐行して安全に通行できるようにしなければならない。

〈問52〉 信号機のある踏切でも、必ず一時停止して左右の安全を確認してから通過しなければならない。

〈問53〉 上り坂の頂上付近や急なこう配の下り坂は追い越し禁止だが、急なこう配の上り坂は追い越し禁止ではない。

⑧ 反対方向からの車などの進行の妨げになるとき。
⑨ 前の車を追い越しても前の車の進行を妨げなければもとの車線へ戻れないとき。
⑩ 後ろの車が自分の車を追い越そうとしているとき。

駐停車できない場所
① 標識や標示により禁止されている場所。
② 坂の頂上付近やこう配の急な坂。
③ 軌道敷内やトンネルの中。
④ 交差点とその端から5m以内の場所。
⑤ 道路の曲がり角から5m以内の場所。
⑥ 横断歩道、自転車横断帯とその端から前後に5m以内の場所。
⑦ 踏切とその端から前後10m以内の場所。
⑧ 安全地帯の左側とその前後10m以内の場所。
⑨ バス、路面電車の停留所の標示板から10m以内の場所。
（注）停止禁止の標示部分に停止するおそれのあるときは、その部分に進入してはいけない。

駐車できない場所
① 標識や標示により禁止されている場所。
② 火災報知機から1m以内の場所。
③ 駐車場、車庫などの自動車の出入口から3m以内の場所。
④ 消防用機械器具の置場や消防用防火水そう、これらの道路に接する出入口から5m以内の場所。
⑤ 消火栓、指定消防水利の標識が設けられている位置や、消防用防火水そうの取り入れ口から5m以内の場所。
⑥ 道路工事の区域の端から5m以内の場所。
⑦ 駐車した車の右側に3.5m以上の余地がなくなる場所。
⑧ 標識で指定された余地がとれない場所。

✏️ Check! おさらいチェックテスト

〈問54〉駐停車禁止の場所でも、標識によりとくに認められた場所は駐停車できる。

〈問55〉駐車場や車庫などの自動車の出入口から3mを超える間隔が開いていれば駐車できる。

第3章

得点力を高める
学科試験攻略テスト

Check!

Part 1
試験によく出る！ 頻出問題・厳選100問
出題率の高い問題を解き、正解を導き出す判断力をアップさせます。

Part 2
ミスを防ぐ！ 引っかけ問題・厳選105問
間違いやすい引っかけ問題を見破り、正解を導き出す力を養います。

Part 3
危険予測イラスト問題・傾向と対策
危険予測イラスト問題では安全運転のコツと正解の攻略法を学びます。

Part1

試験によく出る！頻出問題

ここだけは押さえたい！

厳選100問

　学科試験は国家公安委員会が作成した「交通に関する教則」からまんべんなく出題されます。ここに掲載されているのは基本となる問題で、実際の学科試験問題の中でかなりの割合で出題されるものばかりです。これらをマスターすれば交通ルールの理解も早まるし、逆にこの基本がわからなければ合格することが難しくなります。

> **攻略の POINT**
> - 問題文は最後までしっかり読んでから解答する。
> - 数字を正確に覚える（駐車禁止・駐停車禁止の場所、追い越し禁止の場所、合図の時期、徐行や一時停止の場所など）。
> - 標識や標示の意味や目的を理解する。

◆次の問題のうち正しいものは「正」、誤っているものは「誤」のワクの中をぬりつぶしなさい。

■ 運転するときの心得

【問 1】 運転中は携帯電話を使用してはならない。

【問 2】 酒を飲んでいても、それほど酔っていなければ、車を運転することができる。

■ 信号は絶対に守ろう

正 誤 【問 3】交差点の中で前方の信号が青色から黄色になったときは、ただちに停止しなければならない。

正 誤 【問 4】正面の信号が黄色の点滅の場合は、車は、ほかの交通に注意しながら進行することができる。

正 誤 【問 5】交差点で前方の信号が赤色や黄色の灯火であっても、同時に青色の矢印があれば、どの交差点でも原動機付自転車は矢印の方向に進むことができる。

正 誤 【問 6】交差点で正面の信号が赤色の点滅を表示しているときは、他の交通に注意し、徐行して交差点に入ることができる。

正 誤 【問 7】信号機の信号が青色の灯火を表示している交差点の中央で、両腕を横に水平に上げている警察官と対面したので、交差点手前の停止線で停止した。

正 誤 【問 8】交差点で警察官が手信号や灯火による信号をしている場合でも、信号機の信号が優先するので、信号機に従わなければならない。

正 誤 【問 9】警察官が腕を垂直に上げているとき、警察官の身体の正面に対面する交通については、信号機の赤色の信号と同じ意味である。

正 誤 【問10】警察官が交差点以外の横断歩道などのない場所で手信号をしているときの停止位置は、その警察官の1メートル手前である。

正 誤 【問11】警察官が灯火を横に振っているとき、振られている方向は青信号、これと交差する方向は赤信号と同じである。

■ 標識・標示を守ろう

正 誤 【問12】図1の標示板のある交差点では、車は前方の信号が赤色や黄色であっても、信号に従って横断している歩行者や自転車の通行に関係なく左折してよい。

図1

【問13】図2の標識がある道路は、自動車の通行は禁止されているが原動機付自転車は通行できる。

【問14】図3の標識のある道路では、二輪の自動車と原動機付自転車が通行できないことを表している。

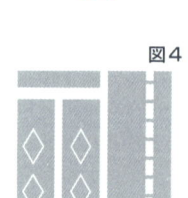

【問15】図4の標示は、前方に横断歩道または自転車横断帯があることを表している。

■ 車が通行できるところ

【問16】車両通行帯のない道路では、車は道路の中央より左側部分であればどの部分を走行してもよい。

【問17】片側が6メートル未満の道路では、いかなるときでも中央線をはみ出して通行することができる。

【問18】同一方向に2つの車両通行帯があるときは、右側の車両通行帯は追い越しなどのためにあけておく。

【問19】通行区分を指示する標識などがなく、同一方向に3つ以上の車両通行帯のある道路では、最も右側の車両通行帯は追い越しのためにあけておき、それ以外の通行帯をその速度に応じて通行する。

■ 緊急自動車などが優先する道路

【問20】交差点またはその付近以外の場所を通行中、緊急自動車が接近してきたときは、一般の車は左側に寄って一時停止して進路を譲らなければならない。

【問21】交差点内を通行中に前方から緊急自動車が接近してきたときには、ただちにその場に停止して通過を待つ。

【問22】一方通行の道路を走行中に緊急自動車に進路を譲る場合は、道路の右側に寄る場合もある。

【問23】図5の標識のある通行帯では、小型特殊自動車・原動機付自転車・軽車両はその通行帯を通行することができる。

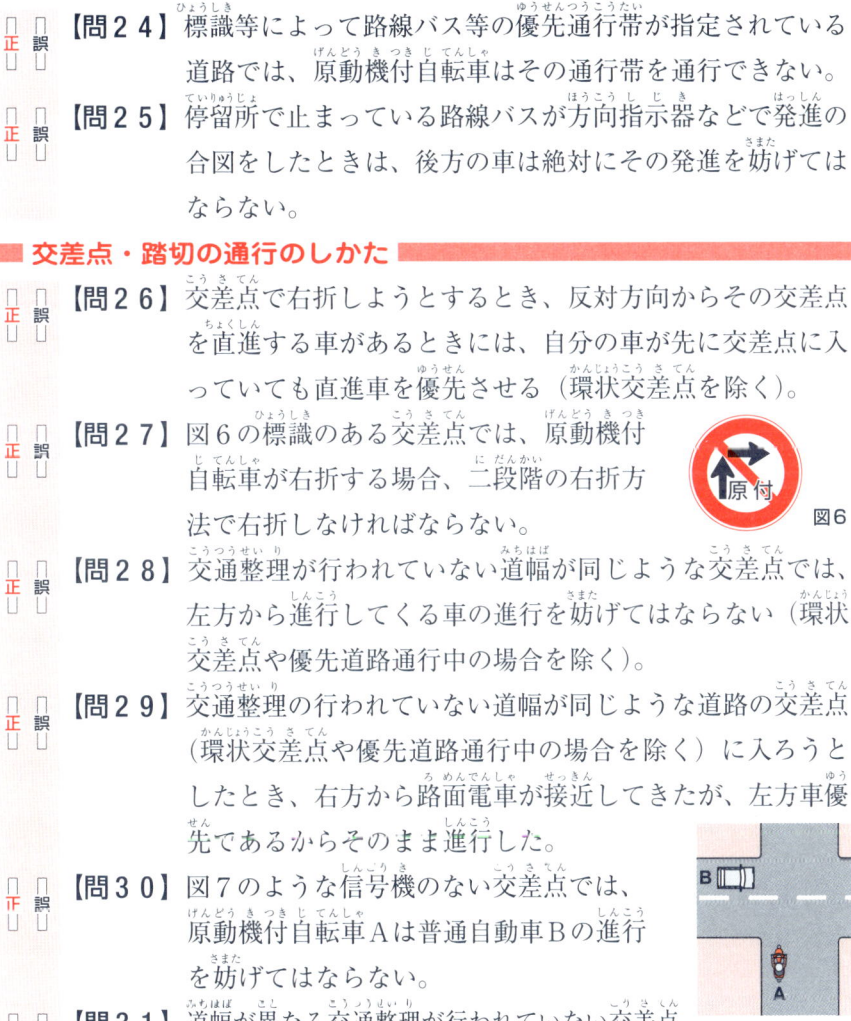

| 正 誤 | 【問24】標識等によって路線バス等の優先通行帯が指定されている道路では、原動機付自転車はその通行帯を通行できない。 |

| 正 誤 | 【問25】停留所で止まっている路線バスが方向指示器などで発進の合図をしたときは、後方の車は絶対にその発進を妨げてはならない。 |

■ 交差点・踏切の通行のしかた ■

| 正 誤 | 【問26】交差点で右折しようとするとき、反対方向からその交差点を直進する車があるときには、自分の車が先に交差点に入っていても直進車を優先させる（環状交差点を除く）。 |

| 正 誤 | 【問27】図6の標識のある交差点では、原動機付自転車が右折する場合、二段階の右折方法で右折しなければならない。　　　　図6 |

| 正 誤 | 【問28】交通整理が行われていない道幅が同じような交差点では、左方から進行してくる車の進行を妨げてはならない（環状交差点や優先道路通行中の場合を除く）。 |

| 正 誤 | 【問29】交通整理の行われていない道幅が同じような道路の交差点（環状交差点や優先道路通行中の場合を除く）に入ろうとしたとき、右方から路面電車が接近してきたが、左方車優先であるからそのまま進行した。 |

| 正 誤 | 【問30】図7のような信号機のない交差点では、原動機付自転車Aは普通自動車Bの進行を妨げてはならない。　　　　図7 |

| 正 誤 | 【問31】道幅が異なる交通整理が行われていない交差点で、道幅の広い道路を通行している場合には左方から来る車があっても、そのまま通行することができる（環状交差点を除く）。 |

| 正 誤 | 【問32】原動機付自転車を運転して、道路の左側部分に車両通行帯が3つ設けられ、かつ交通整理が行われている交差点で、二段階右折をした。 |

| 正 誤 | 【問33】見通しの悪い踏切では自分の目で確認できる位置まで徐行して踏切に入り、そこで一時停止をして安全を確かめるようにする。 |

【問34】踏切に信号機がある場合、青信号であれば一時停止しないで信号に従って通過できる。

【問35】踏切の手前で警報機が鳴り出したときは、急いで踏切を通過しなければならない。

【問36】踏切では一時停止後、踏切の前方に自分の車が入る余地があることを確かめてからでなければ、発進してはならない。

■ 安全な速度と車間距離を保つ

【問37】標識や標示で最高速度が指定されていない一般道路では、原動機付自転車は30キロメートル毎時を超えて運転してはならない。

【問38】30キロメートル毎時から15キロメートル毎時に速度を落とせば徐行となる。

【問39】運転者が疲れていると、危険を認知してからブレーキを操作するまでに時間がかかるので、空走距離は長くなる。

【問40】停止距離は、空走距離と制動距離を加えた距離である。

【問41】ブレーキは道路の摩擦係数が小さいほど強くかけるのがよい。

【問42】深い水たまりを通るとブレーキドラムに水が入って、一時的にブレーキのききがよくなる。

【問43】二輪車でブレーキをかけるとき、乾燥した路面であれば前輪ブレーキをやや強くかけるとよい。

【問44】滑りやすい道路で停止しようとするときは、エンジンブレーキを用いながらブレーキを軽く数回に分けてかけるのがよい。

■ 歩行者を保護し安全を保つ

【問45】横断歩道のない交差点やその近くを歩行者が横断しているときには、徐行してその通行を妨げてはならない。

【問46】横断歩道の手前に差しかかったとき、横断する人の有無がはっきりしないときは、横断歩道の直前で停止できるように減速しながら進まなければならない。

|正|誤| 【問47】横断歩道の手前に停止車両があるときは、そのそばを通り抜ける前に徐行して安全を確かめる。

|正|誤| 【問48】車は、道路に面した場所に出入りするためであっても、歩道や路側帯を横切ってはならない。

|正|誤| 【問49】ガソリンスタンドから出るとき、店員の指示に従い徐行して歩道を横切った。

|正|誤| 【問50】通学通園バスが、こどもの乗り降りをさせているときに、バスの側方を通過する場合、バスとの間に十分な間隔がとれれば、徐行しないで通過することができる。

|正|誤| 【問51】人の乗り降りのため停止している路面電車に追いついたときに安全地帯がないときは、路面電車の後方で一時停止しなければならない。

|正|誤| 【問52】路面電車が安全地帯のない停留所に停車していて、乗降客や道路を横断する人がいない場合、路面電車との間隔を1.5メートルあければ徐行して通過できる。

|正|誤| 【問53】歩行者用道路の通行ができる車は、とくに歩行者に注意して徐行しなければならないが、歩行者がいないときは徐行の必要はない。

|正|誤| 【問54】目の不自由な人が盲導犬を連れて歩いているときは、一時停止か徐行をしてその通行を妨げてはならない。

|正|誤| 【問55】図8の標識をつけている車に幅寄せをしたり、前方に割り込んではならない。

図8

|正|誤| 【問56】ぬかるみや水たまりを通過するときは、徐行するなどして歩行者などに泥水がかからないようにしなければならない。

■ 安全確認と右折のしかた

|正|誤| 【問57】右左折や転回（環状交差点以外の場所）をする場合の合図はそれらを行う地点の30メートル手前で行うが、徐行や停止をする場合の合図はそのときでよい。

【問58】警笛鳴らせの標識がなくても、見通しの悪い交差点を通行するときは、警音器を鳴らさなくてはならない。

■ 追い越しができるとき・できないとき

【問59】追い越しが禁止されている場所であっても、原動機付自転車でほかの原動機付自転車を追い越しても違反ではない。

【問60】追い越し禁止の標識等がなくても、橋の上で原動機付自転車が小型特殊自動車を追い越すのは違反である。

【問61】横断歩道の直前で歩行者の横断がないと確認できる場合は、前の車を追い越してもよい。

【問62】二輪車で自動車を追い越すときには、左右どちらから追い越してもよい。

【問63】交差点の中まで中央線が引かれている道路を通行中ならば、交差点の中でも追い越すことができる。

【問64】前の車が信号待ちで停止しているとき、その車の横を通過して前を横切ったのは違反である。

■ 運転免許制度について

【問65】原付免許を受けている者は、原動機付自転車のほか、小型特殊自動車を運転できる。

【問66】原動機付自転車を運転するときは、免許証に記載されている条件を守らなければならない。

【問67】原付免許を取得後1年未満の人が原動機付自転車を運転するときは、初心者マークをつける必要はない。

【問68】故障車をロープなどでけん引する場合に、故障車のハンドルを操作する者は、その車を運転できる免許を持っている者でなければならない。

■ 車に働く自然の力と運転のしかた

【問69】遠心力の大きさは、カーブの半径が小さいほど大きくなり、速度の2乗に比例して大きくなる。

【問70】明るいところから暗いところに入ったときは視力が低下するが、暗いところから明るいところへ出たときは視力は低下しない。

■ 悪条件下での運転のしかた

【問71】 昼間のトンネルの中でも50メートル前方まで確認できる照明がついている場合は、灯火をつけなくてもよい。

【問72】 雨の日は視界が悪いので対向車との接触を避けるため、できるだけ山道などでは路肩に寄って通行したほうがよい。

【問73】 霧の中では、道路の中央線やガードレール、前車の尾灯などを目安にし、速度を落として運転する。

【問74】 二輪車で走行中にエンジンの回転数が上がったまま下がらなくなったときは、点火スイッチを切ってエンジンの回転を止める。

【問75】 原動機付自転車を運転中に大地震が発生したときは、急ブレーキを避け、道路の左側に停止し、エンジンキーを抜き、ハンドルロックをして避難する。

■ 自動車の保安管理のしかた

【問76】 二輪車のチェーンのゆるみはチェーンの中央部を指で押してみて、20センチメートル程度がよい。

【問77】 二輪車のブレーキは遊びがないほうがよい。

■ 駐停車できる場合と場所

【問78】 荷物の積卸しのため停止する場合、運転者が車から離れていてすぐに運転できなくても5分以内なら停車である。

【問79】 道路工事の区域の端から5メートル以内の場所は駐車も停車も禁止されている。

【問80】 坂の頂上付近とこう配の急な上り坂は駐停車禁止だが、こう配の急な下り坂なら追い越しも駐停車も禁止されていない。

【問81】 横断歩道の手前10メートルのところでは、標識等で駐停車が禁止されていなければ駐車も停車もできる。

【問82】 道路に平行して駐車や停車をしている車の右側には、駐車や停車をしてはならない。

【問83】消防用機械器具の置場と、その道路に接する出入口から5メートル以内の場所は、駐車や停車が禁止されている。

【問84】駐停車が禁止されている場所では、たとえ危険防止のためといえども停止してはならない。

【問85】夜間、道路に駐停車するとき、道路照明などにより50メートル後方から見える場合は、非常点滅表示灯、駐車灯または尾灯をつけなくてもよい。

【問86】原動機付自転車が故障してやむを得ず道路上で駐車する場合は、「故障」と書いた紙を張っておけばよい。

【問87】安全地帯の左側とその前後10メートル以内の場所は駐車してはならないが、停車することはよい。

【問88】駐車禁止でない場所に駐車するときは、昼夜を問わず同じ場所に引き続き12時間以上駐車することができる。

【問89】路側帯の幅が1メートルあって1本の白線により区分されている場合、その場所に駐車するときは路側帯に入り0.75メートルの余地を残さなければならない。

乗車定員と最大積載量について

【問90】原動機付自転車に積載することのできる重さは30キログラム以下である。

【問91】原動機付自転車の積み荷の幅の制限は、ハンドルの幅いっぱいまでである。

【問92】二輪車の積み荷の高さの制限は、地上から2メートル以下、長さは荷台プラス30センチメートル以下である。

【問93】原動機付自転車であっても、同乗する人がヘルメットをかぶれば、2人乗りすることができる。

交通事故が起きたとき

【問94】交通事故を起こしたときは、事故の続発を防ぐため、他の交通の妨げにならないような安全な場所に車を止め、エンジンを切る。

■ 自動車の所有者などの心得

☐正 ☐誤 【問95】自動車を無断で運転されて事故を起こされたときは、車の所有者にはまったく責任がない。

☐正 ☐誤 【問96】自動車損害賠償責任保険証明書などは、交通事故を起こしたときに必要なので、自宅に保管しておく。

■ 二輪車の運転のしかた

☐正 ☐誤 【問97】原動機付自転車のエンジンを止めて、横断歩道を押して歩くときには歩行者用信号に従って横断する。

☐正 ☐誤 【問98】二輪車を選ぶときには、二輪車にまたがったときに両足のつま先が地面にとどくものがよい。

☐正 ☐誤 【問99】原動機付自転車を運転するときは、肩の力を抜き、ひじをわずかに曲げ、背筋を伸ばし視線は先の方へ向ける。

☐正 ☐誤 【問100】原動機付自転車を運転するときには、工事用のヘルメットでもよいから必ずかぶらなければならない。

Part1 試験によく出る！頻出問題 厳選100問

解答＆解説

問1：**正** 運転中に携帯電話を使用すると周囲の交通の状況などに対する注意が不十分になり危険ですので、使用してはいけません。

問2：**誤** 酒を飲んで運転することはできません。また、運転することが分かっている者に酒を勧めることも違反です。

問3：**誤** 信号が青色から黄色に変わったときに交差点内を走行しているときにはそのまま交差点を通過することができます。

問4：**正** 黄色の点滅信号のときは、歩行者や車はほかの交通に注意して進行することができます。

問5：**誤** たとえ青色の矢印であっても、原動機付自転車は二段階右折しなければならない交差点では、前に進むことはできません。

問6：誤　信号が赤色の**点滅**のときに車は、停止位置で**一時停止し、安全を確認した後**に進むことができます。

問7：正　信号機の表示する信号と警察官等の手信号や灯火信号が異なる場合には警察官等の指示に従わなければなりません。

問8：誤　警察官等が手信号や灯火による信号をしている場合は、**信号機の信号に優先するので、警察官等の指示に従わなければなりません**。

問9：正　警察官が腕を垂直に上げているとき、対面する交通については信号機の赤色、平行する交通については信号機の黄色と同じ意味です。

問10：正　交差点以外で、横断歩道も自転車横断帯も踏切もないところで手信号や灯火による信号をしているときの**停止位置は、その警察官等の１メートル手前**です。

問11：正　灯火による信号で、振られている方向は青信号、これと交差する方向は赤信号と同じです。

問12：誤　**左折可の標示板のある交差点では、車は信号が赤色や黄色であっても左折することができますが**、この場合、信号に従って横断している歩行者等の通行を妨げてはいけません。

問13：誤　問題の標識は自転車及び歩行者専用なので、原動機付自転車は通行できません。

問14：正　問題の標識は二輪の自動車と原動機付自転車が通行できないことを表しています。

問15：正　問題の標示は、前方に横断歩道または自転車横断帯があることを表しています。

問16：誤　**車両通行帯のない道路**では、車は道路の中央より左側部分を左に寄って通行します。

問17：誤　左側部分の幅が６メートル未満であっても、追い越しなどの場合以外では中央線をはみ出して通行することはできません。

問18：正　２つの車両通行帯があるときは、右側の車両通行帯は追い越しなどのためにあけておきます。

問19：正　同一方向に３つ以上の車両通行帯が設けられているときは、その

最も右側の車両通行帯は追い越しのためにあけておき、それ以外の通行帯をその速度に応じて通行します。

問20：誤　交差点またはその付近以外の場所で緊急自動車が接近してきたときは、道路の左側に寄って進路を譲ればよく、必ずしも一時停止の必要はありません。

問21：誤　交差点内で緊急自動車が接近してきたときは、交差点を避け、道路の左側に寄って一時停止します。

問22：正　一方通行の道路で左側に寄ると、かえって緊急自動車の進行の妨げとなるようなときは、右側に寄らなければなりません。

問23：正　問題の標識は「路線バス等の専用通行帯」を表しているので、小型特殊自動車・原動機付自転車・軽車両はその通行帯を通行することができます。

問24：誤　標識等によって路線バス等の優先通行帯が指定されている道路では、原動機付自転車はその通行帯を通行できます。

問25：誤　停留所で止まっている路線バスが方向指示器などで発進の合図をしたときは、その発進を妨げてはいけません。しかし、急ブレーキや急ハンドルで避けなければならない場合は別です。

問26：正　右折しようとする場合に、その交差点で直進か左折をする車があるときは、自分の車が先に交差点に入っていても、その進行を妨げてはいけません。

問27：誤　問題の標識は「一般原動機付自転車の右折方法（小回り）」を表示しているので、自動車と同じ方法で右折できます。

問28：正　道幅が同じような交差点では、左方から来る車があるときは、その車の進行を妨げてはいけません。

問29：誤　交通整理の行われていない交差点に入ろうとするときに路面電車が接近してきたときは、路面電車が優先します。

問30：正　普通自動車Bが通行している道路は、交差点内まで中央線が引かれている優先道路なので、A車はB車の進行を妨げてはいけません。

問31：正　交通整理が行われていない道幅が異なる交差点では、道幅の狭い

道路を通行する車は、**道幅の広い道路を通行する車の進行を妨げてはいけません。**

問32：正　原動機付自転車で3車線ある交差点で右折するときには、小回り右折の標識がなければ二段階右折をしなければなりません。

問33：誤　踏切では、踏切の直前で必ず一時停止し、安全を確認します。このとき見通しが悪いときには警報機の音や列車の音で安全を確認します。踏切内での停止は危険です。

問34：正　**信号機のある踏切**では、信号に従えば一時停止せずに通過することができます。

問35：誤　踏切の手前で警報機が鳴り出したときは、踏切の手前で一時停止し、踏切に入ってはいけません。

問36：正　**踏切の向こう側が混雑しているため、そのまま進むと踏切内で動きがとれなくなるおそれがあるときには入ってはいけません。**

問37：正　標識や標示で最高速度が指定されていない一般道路では、原動機付自転車は30キロメートル毎時を超えて運転してはいけません。

問38：誤　**徐行とは、ただちに停止できる速度（おおむね10キロメートル毎時）をいうので、15キロメートル毎時では徐行にはなりません。**

問39：正　空走距離とは、運転者が危険を感じてブレーキを踏み、ブレーキが実際にきき始めるまでの間に走る距離のことです。

問40：正　停止距離とは、運転者が危険を感じてブレーキを踏んでから車が完全に停止するまでの距離のことです。

問41：誤　ブレーキは道路の摩擦係数が大きければ強くかけますが、摩擦係数が小さければスリップしやすくなるため弱くかけます。

問42：誤　ブレーキドラムに水が入ると一時的にブレーキのききが悪くなります。

問43：正　**乾燥した路面でブレーキをかけるときは前輪ブレーキをやや強く、路面が滑りやすいときは後輪ブレーキをやや強くかけます。**

問44：正　道路が滑りやすい状態のときは、ブレーキは数回に分けて踏むようにします。

問45：誤　**横断歩道のない交差点やその近くを歩行者が横断しているときに**

は、その**通行を妨げない**ようにすればよく、必ずしも**一時停止**や**徐行**する必要はありません。

問46：正　横断歩道に接近するときは、歩行者等がいないことが明らかな場合以外では、横断歩道の直前で停止できるような速度で進行しなければなりません。

問47：誤　**横断歩道の手前に停止車両**があるときには、そのそばを通って**前方に出る前に一時停止をして安全を確認**しなければなりません。

問48：誤　原則として車は歩道や路側帯や自転車道などを通行できませんが、道路に面した場所に出入りするために横切る場合は別です。

問49：誤　歩道等を横切るときは歩道等の直前で一時停止をして、歩行者の通行を妨げないようにします。

問50：誤　こどもの乗降のため停車している**通学通園バスのそばを通過するときは徐行**して安全を確かめなければなりません。

問51：正　**安全地帯のない停留所で人の乗り降りのため停止している路面電車**に追いついたときは、路面電車の**後方で一時停止**しなければいけません。

問52：正　乗降客や道路を横断する人がいないときで、路面電車との間隔を1.5メートル以上あければ徐行して通過できます。

問53：誤　歩行者用道路を通行するときには、歩行者の有無に関係なく徐行しなければなりません。

問54：正　目の不自由な人だけでなく、こどもがひとり歩きしているときや、歩行に支障のある高齢者が通行しているときなども同様です。

問55：正　初心者マーク、聴覚障害者マーク、高齢者マーク、身体障害者マーク、仮免許練習標識をつけた車には、危険を避けるためやむを得ない場合のほかは、その車の側方に幅寄せしたり、前方に無理に割り込んだりしてはいけません。

問56：正　歩行者のそばや店先などを通るときは、速度を落として、泥や水をはねないようにしなければなりません。

問57：正　右左折や転回は30メートル手前から、徐行や停止はそのときに合図を行います。

問58：誤　見通しのきかない交差点であっても、「警笛鳴らせ」の標識がある場所や、「警笛区間」の標識がある区間内、危険を避けるためやむを得ない場合以外は警音器を鳴らすことはできません。

問59：誤　追い越し禁止の場所では、自動車や原動機付自転車を追い越すことはできません。

問60：誤　標識等で追い越しが禁止されていなければ、違反にはなりません。

問61：誤　横断歩道とその手前から30メートル以内の部分では追い越しや追い抜きが禁止されています。

問62：誤　ほかの車を追い越そうとするときは、前車が右折などのため道路の中央または右端に寄って通行しているときを除いて、**前車の右側を追い越します**。

問63：正　優先道路を通行している場合には、**交差点であっても追い越しは禁止されていません**。

問64：正　駐停車している車の前方を横切ることはよいが、信号待ちなどで停止している車の前方に割り込むことは禁止されています。

問65：誤　原付免許では原動機付自転車以外を運転することはできません。

問66：正　免許証に記載されている条件（眼鏡使用など）を守らなければ運転することはできません。

問67：正　初心者マークをつける必要があるのは普通免許を取得後1年未満の人が、普通自動車を運転するときです。

問68：正　故障車をロープなどでけん引する場合は、その車を運転できる免許を持っている者に故障車のハンドルを操作させます。

問69：正　カーブの半径が小さいほど遠心力は大きくなり、**速度の2乗に比例して大きくなります**。

問70：誤　明るさが急に変わると、**視力は一時急激に低下します**。

問71：正　昼間のトンネルの中でも50メートル前方まで確認できる照明がついている場合は灯火をつけなくてもよいが、50メートル先が見えないような場所では灯火をつけなければなりません。

問72：誤　雨の日の山道などでは地盤がゆるんでいることがあるので、路肩に寄りすぎないようにします。

問73：正　霧は視界を極めて狭くするので、速度を落として運転します。

問74：正　二輪車では点火スイッチを切ってエンジンの回転を止めるようにします。

問75：誤　運転中に大地震が発生したときは、エンジンキーは抜かずに、ハンドルロックをしないで避難します。

問76：誤　チェーンのゆるみは2〜3センチメートル程度が適当です。

問77：誤　二輪車のブレーキには適当な遊びが必要です。

問78：誤　5分以内の荷物の積卸しであっても、運転者が車から離れてただちに運転することができない状態にある場合は駐車です。

問79：誤　道路工事の区域の端から5メートル以内の場所は、駐車のみが禁止されています。

問80：誤　坂の頂上付近とこう配の急な坂は、上りも下りも駐停車が禁止されています。追い越し禁止の場所は、坂の頂上付近とこう配の急な下り坂だけです。

問81：正　横断歩道とその端から前後5メートル以内の場所は駐停車禁止ですが、10メートル以内の場所では禁止されていません。

問82：正　道路に平行して駐停車している**車と並んで駐停車**することはできません。

問83：誤　消防用機械器具の置場、消防用防火水そう、これらの道路に接する出入口から5メートル以内の場所は、駐車のみが禁止されています。

問84：誤　駐停車が禁止されている場合であっても、**警察官の命令や危険防止のため一時停止**する場合などは、これらの場所に**停止**することができます。

問85：正　夜間、駐停車するときに照明などにより50メートル後方から見える場合や、停止表示器材を置いている場合は、非常点滅表示灯などをつけなくてもよい。

問86：誤　故障のために道路上に**駐車**する場合でも、できるだけ早く**駐車**が禁止されていない場所に移動しなければなりません。

問87：誤　安全地帯の左側とその前後10メートル以内の場所は駐停車禁止です。

問88：誤　駐車禁止でない場所であっても、原則として同じ場所に引き続き12時間以上、夜間は8時間以上駐車することはできません。

問89：正　0.75メートルを超える幅があり、**1本の白線によって区分されている路側帯**であれば、0.75メートルの余地を残せばその路側帯に入って駐車することができます。

問90：正　原動機付自転車には30キログラムまで荷物を積むことができます。

問91：誤　原動機付自転車には積載装置の幅+左右15センチメートル以下まで積むことができます。

問92：正　二輪車には、高さは地上から2メートル以下、長さは積載装置の長さ+30センチメートルまで積載することができます。

問93：誤　**原動機付自転車の乗車定員は1人**です。

問94：正　交通事故を起こしたときは、事故の続発をふせぐため、ほかの交通の妨げにならないような安全な場所に車を止め、負傷者がいれば医師や救急車が到着するまでの間、可能な救護処置を行います。

問95：誤　車の所有者は、車を勝手に持ち出されないように、車の鍵の保管に十分に注意しなければならず、管理が不十分な場合には所有者にも責任が生じます。

問96：誤　自動車損害賠償責任保険証明書または責任共済証明書は車に備えておくか、運転者自身が携帯していなければなりません。

問97：正　**二輪車のエンジンを止めて押しているときには、歩行者として扱われます**。

問98：正　二輪車の選定にあたっては、またがったときに両足のつま先が地面にとどくものにします。

問99：正　二輪車の乗車姿勢は、手首を下げて、ハンドルを前に押すような気持ちでグリップを軽く持ち、肩の力を抜き、ひじをわずかに曲げ、背筋を伸ばし視線は先の方へ向けます。

問100：誤　**二輪車に乗るときには乗車用ヘルメットをかぶらなければなりません**。工事用ヘルメットは乗車用ヘルメットではありません。

Part 2

ミスを防ぐ！引っかけ問題

ここだけは押さえたい！

厳選105問

　学科試験では間違いを誘発（ゆうはつ）する引っかけ問題が数多く出題されます。さまざまな規制のある場所を数値や言葉の表現のしかたで表したりするため、正確な数値と表現をしっかり身につけていないと、出題者のワナにはまってしまいます。それを見破るためのコツをここにあげた「厳選105問」で身につけましょう。

攻略のPOINT
- 距離などの数字の問題に注意する。
- 問題中の「絶対」「必ず」といった言葉に注意する。
- 問題中の数字の「以下」と「未満」、「以上」と「超える」の違いに要注意。

◆次の問題のうち正しいものは「正」、誤っているものは「誤」のワクの中をぬりつぶしなさい。

■ 運転するときの心得

[正][誤]【問　1】車とは、自動車と原動機付自転車（げんどうきつきじてんしゃ）のことをいう。

[正][誤]【問　2】少しくらいの酒を飲んでも、酔（よ）っていないと判断（はんだん）できれば車を運転してもよい。

| 正 誤 | 【問 3】原動機付自転車は、強制保険のほか任意保険に加入していなければ運転してはならない。

| 正 誤 | 【問 4】疲れているときは、酒酔いのときとは違って危険性がないので運転しても危険はない。

| 正 誤 | 【問 5】運転中に携帯電話をかけることは禁止されているが、かかってきた電話に出ることは禁止されていない。

■ 信号は絶対に守ろう

| 正 誤 | 【問 6】正面の信号が黄色のときは、ほかの交通に注意しながら進行することができる。

| 正 誤 | 【問 7】片側3車線の交差点で信号が「赤の灯火」と「右折の青色の灯火の矢印」を表示しているときは、原動機付自転車は小回り右折をすることができる。

| 正 誤 | 【問 8】信号が「赤の灯火」と「左折の青色の灯火の矢印」を表示している交差点では、原動機付自転車は矢印の方向に進むことができるが、軽車両は進むことができない。

| 正 誤 | 【問 9】赤色の灯火の点滅信号では、車は停止位置で一時停止し、安全確認をしたあと、徐行して進むことができる。

| 正 誤 | 【問10】信号機のある車両通行帯のない交差点を原動機付自転車で右折するときは、前方の信号が青で、対向車の進行を妨げなければ小回り右折してもよい。

黄色の矢印

| 正 誤 | 【問11】右の図のような信号が表示されているときは、原動機付自転車は矢印の方向に進むことができる。

| 正 誤 | 【問12】警察官や交通巡視員が信号機の信号と異なった手信号をしているときは、警察官や交通巡視員の手信号が優先する。

| 正 誤 | 【問13】警察官が両腕を垂直に上げていたとき、警察官の身体に平行する交通については、注意して進行しなければならない。

| 正 誤 | 【問14】警察官が頭上に灯火を上げているとき、警察官の身体に対面する交通は、青色の信号と同じ意味である。

【問15】警察官が交差点以外で横断歩道などもないところで赤色の信号と同じ意味の手信号をしているときは、その警察官の手前1メートルのところで停止する。

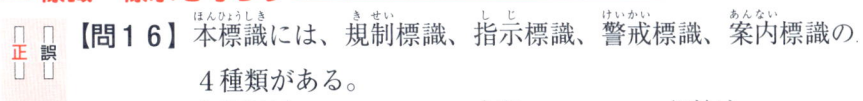

■ 標識・標示を守ろう

【問16】本標識には、規制標識、指示標識、警戒標識、案内標識の4種類がある。

【問17】規制標識とは、道路上の危険や注意すべき状況などを前もって道路利用者に知らせて注意を促すものである。

【問18】図1の標識のある道路では、車は通行できないが、歩行者は通行することができる。

【問19】図2の標識のある道路では、自動車はすべて通行できない。

【問20】図3の標識のある交差点では直進することはできない。

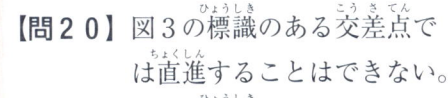

【問21】図4の標識のある道路では、原動機付自転車は道路の右側部分にはみ出さなければ追い越しは禁止されていない。

【問22】図5の標識のある道路では、原動機付自転車は50キロメートル毎時の速度まで出すことができる。

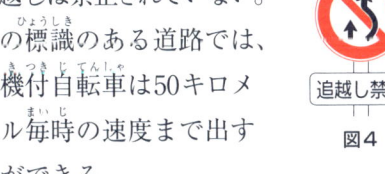

【問23】図6の標識のある道路では、原動機付自転車のエンジンを切れば、押して歩ける。

【問24】図7の標識のある道路を通行しているときは、見通しのきかない交差点を通行するときでも徐行をしなくてもよい。

【問25】図8のAの通行帯を通行している原動機付自転車が、右折をするためにBの通行帯に

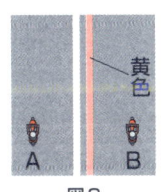

進路変更したのは違反ではない。

【問26】車は、図9の標示の部分に、追い越しや危険防止のためやむを得ない場合以外に入ることはできない。

【問27】図10の標示のある路側帯では軽車両は駐停車できるが、原動機付自転車は路側帯部分に入って駐停車することはできない。

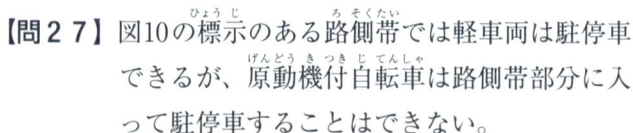

【問28】「指定方向外進行禁止」の標識のある交差点で指定方向以外の方向に進行する場合には、一時停止し、安全を確認しなければならない。

図9

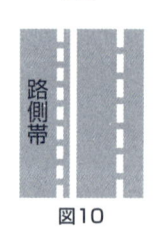

図10

■ 車が通行できるところ

【問29】道路の中央から左側部分の幅が6メートル未満であれば、いつでも右側部分にはみ出して通行することができる。

【問30】原動機付自転車は一方通行の道路であっても、道路の左側を通行しなければならない。

【問31】車両通行帯のある道路では、追い越しなどでやむを得ないときは、車両通行帯からはみ出して通行することができる。

【問32】車は、路面電車が通行していないときには、軌道敷内を通行することができる。

【問33】車両通行帯が黄色の線で区画されている道路を進行しているときは、たとえ右左折のためであっても、進路を変えることはできない。

【問34】歩道や路側帯のない道路の路端から0.5メートルの部分は路肩である。

■ 緊急自動車などが優先する道路

【問35】交差点や交差点付近でないところで緊急自動車が近づいてきたときは、道路の左側に寄り、一時停止か徐行をして進路を譲らなければならない。

【問36】緊急自動車が近づいてきたとき、黄色の線の車両通行帯を通行しているときは、進路を変更してはならない。

□正 □誤 【問37】路線バス等優先通行帯では、小型特殊自動車・原動機付自転車・軽車両も通行することができない。

□正 □誤 【問38】路線バス等専用通行帯の標識のある車両通行帯へは、原動機付自転車、小型特殊自動車、軽車両を除くほかの車は絶対に通行してはならない。

□正 □誤 【問39】停留所に停車中の路線バスが発進の合図をしているときは、必ず一時停止をして安全確認をしなければならない。

■ 交差点・踏切の通行のしかた ■

□正 □誤 【問40】交差点で右折や左折をするときには、必ず徐行しなければならない。

□正 □誤 【問41】右折しようとして自分が先に交差点に入ったときは、その交差点を直進する対向車より先に右折することができる（環状交差点を除く）。

□正 □誤 【問42】左右の見通しがきかず交通整理が行われていない交差点を通行するときは、交差点の手前で必ず一時停止しなければならない。

□正 □誤 【問43】交通整理の行われていない道幅の同じような交差点に入ろうとしたとき、右方から路面電車が接近してきたときは、左方車優先の原則によりそのまま進行することができる（環状交差点や優先道路通行中の場合を除く）。

□正 □誤 【問44】交差する道路が優先道路であるときや、その道幅があきらかに広いときは、交差点の手前で一時停止をして交差道路を通行する車の進行を妨げないようにする（環状交差点を除く）。

□正 □誤 【問45】小回り右折の標識のある交差点で右折する原動機付自転車は、あらかじめその前からできる限り道路の中央に寄り、かつ、交差点の直近の内側を徐行する。

□正 □誤 【問46】左側に2つの車両通行帯のある道路の交差点で原動機付自転車が右折するとき、標識による右折方法の指定がなければ小回りの右折方法をとる。

□正 □誤 【問47】踏切警手のいる踏切では、安全が確認できれば一時停止することなく通過できる。

| 正 誤 |【問48】踏切の向こう側が混雑していて自車の入るスペースがないときは、一時停止をしてから踏切に入らなければならない。

| 正 誤 |【問49】右折する場合の合図は、交差点の中心から30メートル手前で行う（環状交差点を除く）。

■ 安全な速度と車間距離を保つ

| 正 誤 |【問50】最高速度50キロメートル毎時の標識があっても、原動機付自転車は30キロメートル毎時を超えて走行してはならない。

| 正 誤 |【問51】車に重い荷物を積んでいるときは、空走距離が長くなる。

| 正 誤 |【問52】運転者が危険を感じてブレーキをかけてから、ブレーキがきき始めて車が完全に停止するまでの距離を制動距離という。

| 正 誤 |【問53】二輪車に乗ってブレーキをかけるときは、乾燥した路面では前輪ブレーキをやや強くかけるようにする。

| 正 誤 |【問54】信号機の青色の信号に従って交差点を通過するとき、見通しのきかない交差点では徐行しなければならない。

| 正 誤 |【問55】故障したバイクをロープでけん引するときは、けん引されるバイクとの間を5メートル以内にし、ロープの見やすい箇所に0.3メートル平方以上の赤い布をつける。

■ 歩行者を保護し安全を保つ

| 正 誤 |【問56】乗降のため停車中の通学通園バスのそばを通行するときは、1.5メートル以上の間隔をあければ、そのままの速度で通過できる。

| 正 誤 |【問57】幼児がひとり歩きしているそばを通るときは、幼児の直前で一時停止をすればよい。

| 正 誤 |【問58】つえをついた高齢者が歩いているそばを通るときは、高齢者との間に安全と思われる間隔をあければ徐行しないで通行することができる。

| 正 誤 |【問59】歩行者のそばを車で通行するときには、歩行者との間に安全な間隔をあけ、徐行しなければならない。

| 正 誤 |【問60】横断歩道を歩行者が通行していないことがあきらかな場合は、徐行して通行する。

【問61】安全地帯のそばを通るときは、歩行者がいるときもいないときも徐行しなければならない。

【問62】歩道や路側帯を横切るときには、歩行者などがいなくても、その直前で一時停止しなければならない。

追い越しができるとき、できないとき

【問63】前の原動機付自転車がその前の自動車を追い越そうとしているとき、その原動機付自転車を追い越し始めれば二重追い越しとなる。

【問64】道幅が6メートル未満の追い越しが禁止されていない道路で、中央に黄色の実線が引かれているところでも右側部分にはみ出さなければ追い越しをしてもよい。

【問65】バス停留所の標示板から前後に10メートル以内の場所は、バスの運行時間に限って追い越しが禁止されている。

【問66】標識や標示で追い越しが禁止されていないところでも、車両通行帯がないトンネル内は追い越し禁止である。

【問67】追い越しが禁止されている場所であっても、追い抜きはしてもよい。

【問68】優先道路を通行しているときには、交差点の手前から30メートル以内の場所で追い越しをしてもよい。

運転免許制度について

【問69】運転免許停止処分の期間中に運転をすると無免許運転になる。

【問70】原付免許を受けてから初心運転期間に違反点数が基準に達して通知を受け、再試験に合格しなかった人や再試験を受けなかった人は免許停止となる。

【問71】運転免許証を自宅に忘れて運転をした場合には無免許運転になる。

【問72】50cc以下のミニカーであれば、原付免許で運転することができる。

■ 悪条件下での運転のしかた

| 正 誤 | 【問73】舗装された道路では、雨の降り始めが最もスリップしやすく、降り続いているときよりも注意しなければならない。 |

| 正 誤 | 【問74】雨が降っている夜間は見通しが悪く対向車と接触するおそれもあるので、できるだけ路肩を通行するほうがよい。 |

| 正 誤 | 【問75】エンジンブレーキはフットブレーキが故障したときや緊急時に使用するので、下り坂では使用しないほうがよい。 |

| 正 誤 | 【問76】霧で視界が悪いところを走行するときは、前照灯を上向きにすると見通しがよくなる。 |

| 正 誤 | 【問77】夜間、見通しの悪い交差点で車の接近を知らせるために、前照灯を点滅した。 |

| 正 誤 | 【問78】大地震が発生して、やむを得ず車を道路上に置いて避難するときは、車を道路の左端に寄せて駐車し、エンジンを止め、エンジンキーを抜き、ハンドルをロックしておく。 |

| 正 誤 | 【問79】大地震が発生して車で避難するときは、ほかの避難者に注意して徐行しなければならない。 |

| 正 誤 | 【問80】片側ががけになっている狭い道路での行き違いは、がけ側と反対側の車があらかじめ停止して、がけ側の車に進路を譲る。 |

| 正 誤 | 【問81】見通しの悪い左カーブでは、中央線寄りを走行したほうがカーブの先を見やすいので安全である。 |

| 正 誤 | 【問82】走行中にタイヤがパンクしたときは、ハンドルをしっかりと握り、ただちに急ブレーキで停止する。 |

■ 自動車の保守管理のしかた

| 正 誤 | 【問83】二輪車のチェーンの張り具合は、指でチェーンを押してみて点検する。 |

| 正 誤 | 【問84】タイヤの空気圧は高いほどタイヤが長持ちし、燃費もよくなる。 |

| 正 誤 | 【問85】排出ガスの色が白色または淡青色であれば、エンジンは正常である。 |

| 正 誤 | 【問86】原動機付自転車は1年に1回、定期点検整備を行わなければならない。

| 正 誤 | 【問87】バイクの運転者は運行する前に必ず1回は日常点検を行わなければならない。

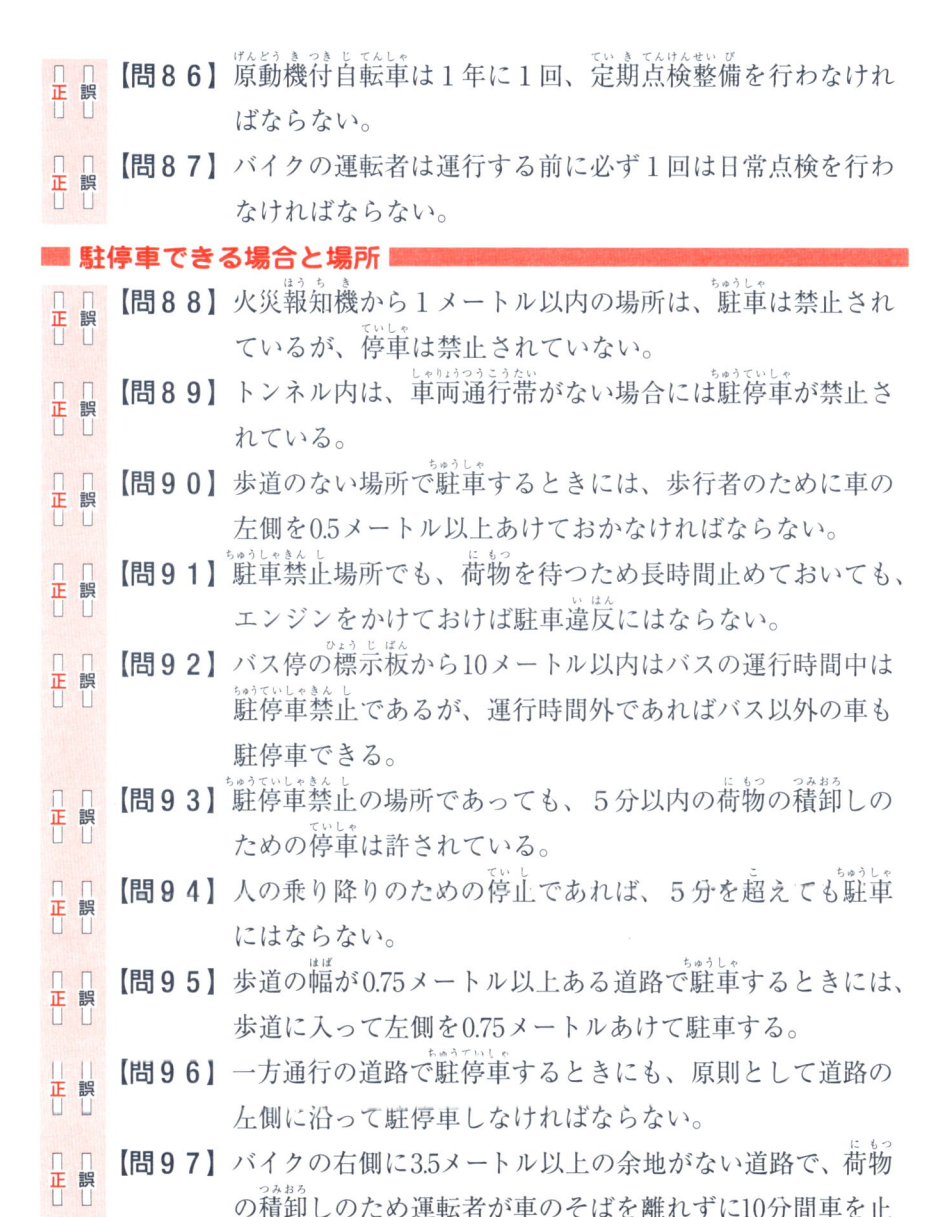

■ 駐停車できる場合と場所

| 正 誤 | 【問88】火災報知機から1メートル以内の場所は、駐車は禁止されているが、停車は禁止されていない。

| 正 誤 | 【問89】トンネル内は、車両通行帯がない場合には駐停車が禁止されている。

| 正 誤 | 【問90】歩道のない場所で駐車するときには、歩行者のために車の左側を0.5メートル以上あけておかなければならない。

| 正 誤 | 【問91】駐車禁止場所でも、荷物を待つため長時間止めておいても、エンジンをかけておけば駐車違反にはならない。

| 正 誤 | 【問92】バス停の標示板から10メートル以内はバスの運行時間中は駐停車禁止であるが、運行時間外であればバス以外の車も駐停車できる。

| 正 誤 | 【問93】駐停車禁止の場所であっても、5分以内の荷物の積卸しのための停車は許されている。

| 正 誤 | 【問94】人の乗り降りのための停止であれば、5分を超えても駐車にはならない。

| 正 誤 | 【問95】歩道の幅が0.75メートル以上ある道路で駐車するときには、歩道に入って左側を0.75メートルあけて駐車する。

| 正 誤 | 【問96】一方通行の道路で駐停車するときにも、原則として道路の左側に沿って駐停車しなければならない。

| 正 誤 | 【問97】バイクの右側に3.5メートル以上の余地がない道路で、荷物の積卸しのため運転者が車のそばを離れずに10分間車を止めた。

■ 乗車定員と最大積載量について

| 正 誤 | 【問98】原動機付自転車に積載することができる重さは30キログラム未満である。

正 誤	【問99】	原動機付自転車に積むことのできる荷物の長さは、原動機付自転車の長さに0.3メートル以下を加えた長さである。
正 誤	【問100】	原動機付自転車に積むことのできる高さの限度は、荷台から2メートルまでである。
正 誤	【問101】	原動機付自転車の乗車定員は1人であるが、小児用の座席をつければ2人乗りができる。
正 誤	【問102】	ロープで故障車をけん引する場合には、けん引する車を運転する者がけん引免許を持っていなければけん引することはできない。

■ 二輪車の運転のしかた

正 誤	【問103】	原動機付自転車で高速自動車国道は通行できないが、自動車専用道路は通行できる。
正 誤	【問104】	二輪車でカーブを通るときは、ハンドルを切らずに、体を傾けることにより曲がるようにする。
正 誤	【問105】	原動機付自転車に同乗する人も、必ずヘルメットをかぶるようにする。

Part2
ミスを防ぐ！引っかけ問題 厳選105問
解答＆解説

問1：**誤** 車とは、**自動車、原動機付自転車、軽車両**のことをいいます。

問2：**誤** たとえ少量でも酒を飲んだときは酔っていなくても運転を控えなければなりません。

問3：**誤** 強制保険に加入していれば運転することができますが、できるだけ任意保険にも加入するようにします。

問4：**誤** 疲れているときや病気のときは運転を控えるか、体調を整えてから運転するようにします。

問5：**誤** 運転中に**携帯電話**は使用できません。**安全な場所に車を止めてか**

ら使用します。

問6：誤　正面の信号が黄色のときは、安全に停止できない場合を除き、停止位置を越えて進むことはできません。ほかの交通に注意しながら進行することができるのは黄色の点滅信号のときです。

問7：誤　原動機付自転車は片側3車線の交通整理が行われている交差点や二段階右折の標識のある交差点では、直接右折する小回り右折はできません。

問8：誤　「赤の灯火」と「左折の青色の灯火の矢印」を表示している交差点では、軽車両も矢印の方向に進むことができます。

問9：誤　赤色の灯火の点滅信号では、車は停止位置で一時停止し、安全を確認したあとに進むことができます。徐行の必要はありません。

問10：正　車両通行帯のない交差点で前方の信号が青色なら小回り右折ができますが、この場合、歩行者にも注意しなければなりません。

問11：誤　黄色の矢印信号は路面電車に対するものなので、車は停止しなければなりません。

問12：正　信号機の信号が警察官などの手信号と異なったときは、警察官等の手信号が優先します。

問13：誤　警察官が腕を垂直に上げているとき、警察官の身体に平行する交通については、信号機の黄色の信号と同じ意味です。

問14：誤　警察官が頭上に灯火を上げているとき、警察官の身体に対面する交通は赤色の信号と同じ意味です。

問15：正　警察官等が交差点以外で横断歩道も自転車横断帯も踏切もないところで、手信号や灯火による信号をしているときの停止位置は、警察官等の1メートル手前です。

問16：正　標識には4種類の本標識と補助標識があります。

問17：誤　規制標識とは、特定の交通方法を禁止したり、特定の方法に従って通行するように指定するものです。記述は警戒標識です。

問18：誤　問題の標識は「通行止め」であり、車も歩行者も通行できません。

問19：誤　問題の標識は「二輪の自動車以外の自動車通行止め」であり、二輪の自動車や原動機付自転車は通行できます。

問20：誤　問題の標識は「指定方向外進行禁止」であり、直進のみすることができます。

問21：誤　問題の標識は「追越し禁止」であり、追い越しはすべて禁止されています。

問22：誤　問題の標識は「最高速度50キロメートル毎時」であり、自動車は50キロメートル毎時の速度まで出すことができますが、原動機付自転車の法定最高速度は30キロメートル毎時です。

問23：誤　問題の標識は「特定小型原動機付自転車・自転車専用」であり、特定小型原動機付自転車・自転車以外の車や歩行者は通行できません。

問24：正　問題の標識は「優先道路」であり、見通しのきかない交差点でも徐行の必要はありません。

問25：正　問題の標示は「進路変更禁止」です。図8の場合、AからBへの進路変更はできますが、BからAへの進路変更はできません。

問26：誤　問題の標示は「立入り禁止部分」であるため、危険防止のためであっても入ることは禁止されています。

問27：正　問題の標示は「駐停車禁止路側帯」であり、車（軽車両を除く）の駐停車が禁止されています。

問28：誤　指定方向外進行禁止の標識のある交差点では、指定方向以外の方向に進行することはできません。

問29：誤　**左側部分の幅が6メートル未満でも、追い越しや工事などのため通行するのに十分な幅がないときなど以外は通行できません。**

問30：誤　一方通行の道路では、道路の右側を通行することができます。

問31：正　**車両通行帯のある道路で追い越しをするときには、通行している通行帯の直近の右側の通行帯を通行しなければなりません。**

問32：誤　車は、原則として軌道敷内を通行してはいけません。通行できるのは軌道敷内通行可の標識により指定された車だけです。

問33：正　車両通行帯が黄色の線で区画されている場所では、その線を越えて進路変更を行うことはできません。

問34：正　歩道や路側帯のない道路の路端から0.5メートルの部分を路肩といい、自動車（二輪車を除く）はその部分を通行することはでき

問35：誤　交差点や交差点付近でないところで緊急自動車が近づいてきたときは、道路の左側に寄って進路を譲らなければなりませんが、必ずしも一時停止や徐行の必要はありません。

問36：誤　黄色の線の車両通行帯を通行していても、緊急自動車が接近してきたときや道路工事などでやむを得ない場合は変更できます。

問37：誤　路線バス等優先通行帯では、小型特殊自動車・原動機付自転車・軽車両は通行することができます。

問38：誤　路線バス等専用通行帯であっても、右左折するためや道路工事などのためやむを得ない場合はほかの車も通行できます。

問39：誤　停留所に停車中の路線バスが発進の合図をしているときには、後方の車はその発進を妨げてはいけません。

問40：正　右折や左折をするときは、徐行して行います。

問41：誤　右折車は直進車や左折車の進行を妨げないようにします。

問42：誤　左右の見通しがきかない交通整理が行われていない交差点を通行するときは、徐行すればよく、必要に応じて一時停止します。

問43：誤　交通整理の行われていない同じ程度の幅の道路が交差する交差点では、交差道路を左方から進行してくる車の進行を妨害することや交差道路を通行する路面電車の進行の妨害をしてはなりません。

問44：誤　交差する道路が優先道路であるときや、その道幅があきらかに広いときは、徐行をして交差道路を通行する車の進行を妨げないようにします。必ずしも一時停止は必要ありません。

問45：正　小回り右折は自動車と同じように、二段階右折では軽車両と同じように右折します。

問46：正　標識による右折方法の指定がなく、左側3車線以上の交通整理が行われている交差点では二段階右折、左側2車線以下の道路の交差点では小回り右折します。

問47：誤　踏切を通過しようとするときは、踏切の直前で停止し、かつ、安全を確認した後でなければ進行することはできません。踏切警手

がいても同様です。ただし、信号機の表示する青信号に従うときは、踏切の直前で停止しないで進行することができます。

問48：誤　**踏切の向こう側が混雑していて、自車が入るスペースがないときは、踏切に入ることはできません。**

問49：誤　右折の合図は、交差点の手前の端から30メートル手前です。

問50：正　原動機付自転車の法定最高速度は30キロメートル毎時です。

問51：誤　重い荷物を積んでいるときは、制動距離が長くなります。

問52：誤　運転者が危険を感じてからブレーキをかけ、ブレーキがきき始めて車が完全に停止するまでの距離を停止距離といいます。

問53：正　二輪車のブレーキは前後同時にかけますが、乾燥した路面でブレーキをかけるときは前輪ブレーキをやや強く、路面が滑りやすいときは後輪ブレーキをやや強くかけます。

問54：誤　見通しのきかない交差点でも、信号機の青信号に従って通過する場合や優先道路を通行しているときは徐行の必要はありません。

問55：誤　けん引する車とけん引される車との間には0.3メートル平方以上の白い布をつけます。

問56：誤　乗降のため停車中の通学通園バスのそばを通行するときは、徐行して安全を確認しなければなりません。

問57：誤　こどもがひとり歩きしているときは、一時停止か徐行をして、安全に通れるようにします。

問58：誤　**つえや歩行補助車を使っているなど、歩行に支障のある高齢者や身体障害者**が通行しているときは、**一時停止か徐行**をして、これらの人が安全に通れるようにします。

問59：誤　歩行者のそばを車で通行するときには、歩行者との間に安全な間隔をあけるか、安全な間隔をあけることができないときには徐行して通過します。

問60：誤　横断歩道や自転車横断帯を歩行者または自転車が通行していないことがはっきりとわかる場合には、そのまま進行できます。

問61：誤　安全地帯のそばを通るときは、歩行者がいるときは徐行しなければなりませんが、いないときは徐行の必要はありません。

問62：正　歩道や路側帯を横切るときには、必ずその**直前で一時停止**しなければなりません。

問63：正　前の軽車両・原付・自動車がその前の自動車を追い越そうとしているとき、その軽車両・原付・自動車を追い越し始めれば二重追い越しとなります。ただし、先頭の車が原付や軽車両を追い越そうとしているときは二重追い越しにはなりません。

問64：正　中央に黄色の実線が引かれているところでは、追い越しのために道路の右側部分にはみ出して通行することが禁止されているので、右側部分にはみ出さなければ追い越しができます。

問65：誤　バス停留所の標示板から10メートル以内は、バスの運行時間に限って駐停車が禁止されていますが、追い越し禁止場所ではありません。

問66：正　**車両通行帯**がないトンネル内は追い越しが禁止されています。

問67：誤　**追い越し禁止の場所では追い抜きも禁止**されています。

問68：正　交差点とその手前30メートル以内の場所は追い越しが禁止されていますが、優先道路を通行している場合は除きます。

問69：正　**免許停止処分中**に運転をすれば無免許運転になります。

問70：誤　初心運転期間に違反点数が基準に達して、再試験に合格しなかった人や再試験を受けなかった人は免許取り消しとなります。

問71：誤　運転免許証を所持しないで運転すると免許証不携帯になります。

問72：誤　ミニカーは普通・中型・準中型・大型免許がなければ運転することはできません（普通・中型・大型第二種免許でも可）。

問73：正　雨の降り始めは道路上の泥などが水面に浮いて滑りやすくなります。

問74：誤　雨の日などは地盤がゆるんでいることがあるので、路肩に寄り過ぎないようにします。

問75：誤　下り坂ではフットブレーキよりも、まずエンジンブレーキを活用するようにします。

問76：誤　霧の中を走行するときに前照灯を上向きにすると乱反射して視界が悪くなるので、下向きにします。

問77：正　夜間、見通しの悪い交差点やカーブなどの手前では、前照灯を上向きに切り替えるか点滅して、ほかの車や歩行者に交差点などへの接近を知らせます。

問78：誤　大地震が発生して、やむを得ず車を道路上に置いて避難するときは、エンジンを止め、エンジンキーはつけたまま、ハンドルはロックしてはいけません。

問79：誤　大地震が発生したときは、避難のために車を使用してはいけません。

問80：誤　片側ががけになっている狭い道路での行き違いは、がけ側の車があらかじめ停止して、がけと反対側の車に進路を譲ります。

問81：誤　見通しの悪い左カーブでは、中央線からはみ出して走行してくる対向車との衝突のおそれがあるので、できるだけ左寄りを走行します。

問82：誤　パンクしたときはハンドルをしっかりと握り、バランスを保つようにし、急ブレーキを避け、断続的にブレーキをかけます。

問83：正　チェーンの張り具合の点検は、指でチェーンを押して2～3センチメートル程度の遊びがあるかを見ます。

問84：誤　タイヤは適正な空気圧にすることにより長持ちします。

問85：誤　排出ガスの色が無色または淡青色であればエンジンは正常です。白色の排出ガスが出るのは、過剰なオイルが燃焼しているためです。

問86：誤　原動機付自転車には定期点検整備の義務はありませんが、専門家に定期的に点検してもらうようにしましょう。

問87：誤　タクシーやハイヤーなどの事業用の自動車や自家用の大型自動車、普通貨物自動車（660cc以下を除く）などは運行する前に必ず日常点検を行わなければなりませんが、普通乗用自動車やバイクなどは走行距離や運行時の状況などから判断して行います。

問88：正　火災報知機から1メートル以内の場所は、駐車のみが禁止です。

問89：誤　トンネルの中は、車両通行帯の有無に関係なく駐停車が禁止されています。

問90：誤　歩道や路側帯のない道路で駐車するときには、道路の左端に沿って駐車します。

問91：誤　荷待ちのため、車を止めておくことは駐車となるため、駐車違反になります。

問92：正　バス、路面電車の停留所の標示板（標示柱）から10メートル以内の場所では運行時間中に限り、駐停車が禁止されています。

問93：誤　駐停車禁止の場所では、荷物の積卸しのための停車も禁止されています。

問94：正　人の乗り降りのための停車であれば時間の制限はありません。

問95：誤　歩道に入って駐車や停車をすることはできません。

問96：正　一方通行の道路で駐停車するときでも左側に沿うのが原則ですが、右側に駐停車できる旨の標識等があれば右側に駐停車できます。

問97：正　バイクの右側に3.5メートル以上の余地がない道路で、荷物の積卸しのため運転者が車のそばを離れなければ車を止めておくことができます。

問98：誤　原動機付自転車には30キログラム以下まで積載することができます。未満では30キログラムが含まれません。

問99：誤　原動機付自転車には積載装置の長さに0.3メートル以下を加えた長さの荷物まで積むことができます。

問100：誤　原動機付自転車には、地上から2メートルの高さまで荷物を積むことができます。

問101：誤　原動機付自転車の乗車定員は1人であり、2人乗りは禁止されています。

問102：誤　ロープで故障車をけん引する場合は、けん引する車の運転者にはけん引免許は必要ありません。

問103：誤　原動機付自転車は高速道路（高速自動車国道や自動車専用道路）は通行することはできません。

問104：誤　カーブではハンドルだけで曲がるのではなく、ハンドル操作と車体を傾けることによって自然に曲がれるようにします。

問105：誤　原動機付自転車には運転者以外に人を乗せることはできません。

Part3

危険予測イラスト問題

全問正解をめざす！
傾向と対策

交通事故の原因は運転技術によるものより不十分な危険認知や判断ミスがほとんどです。危険予測イラスト問題はその現実を踏まえ危険を予知、予測するのに必要な判断力を判定するためのものです。

攻略のPOINT
- イラストと問題文を読み、イラストに現れていない危険も予想する。
- 自分が実際に運転しているイメージで危険を考える。
- 選択肢にある状況を想定して危険を予測する。

出題例

問題 30km/hで進行しています。交差点を直進するとき、どのようなことに注意して運転しますか？

(1) 正 誤
(2) 正 誤
(3) 正 誤

(1) 前車が左折しようとして横断歩道の直前で急停止するかもしれないので、

車間距離をつめないようにする。
(2) 前車は左折するため速度を落とすと考えられるので、中央線側に寄って一気に前車の右側を通過する。
(3) 前車で前方の信号機や対向車が見えないため、中央線寄りに移動して前方の情報が確認できる走行位置をとり、安全を確認して走行する。

解き方のアドバイス

Check 1
まず問題文をよく読みます。そしてイラストをよく見てから選択肢を読み、自分が実際に運転しているつもりになって、どのような危険があるかを判断します。とくにイラストに現れていない前車の影の部分に右折車がいるかもしれないので、その予測を立てます。

Check 2
選択肢を読んで「適している」「正しい」と思うものには正のワクの中を、「不適当」「誤り」と思うものには誤のワクの中をぬりつぶします。ただし、正は1つとは限らず、3つとも正の場合や、3つとも誤の場合もあるので、選択肢をよく読んで解答します。

【信号機を確認】
信号機と前車の動きを見て、横断歩道の手前で停止するかどうか決める。

【前車の進行方向を確認】
前車の方向指示器を見て、右左折か直進かを確認する。前車が大型車なので車間距離をとる。

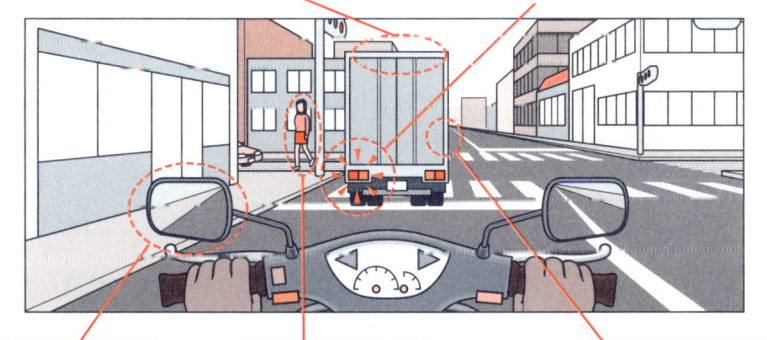

【後方車両の確認】
バックミラーで後方車両を確認し後続車の動きに注意する。

【歩行者の確認】
前車が歩行者の存在に気づいて横断歩道の直前で急ブレーキをかけるおそれもある。

【対向車の確認】
前車の影に右折しようとする二輪車がいることもある。

【例題解答】　(1)-正　(2)-誤　(3)-正

● 危険予測イラスト問題 ●
交差点・直進と右折

【問　1】20km/hで進行しています。交差点を直進するときはどのようなことに注意して運転しますか？

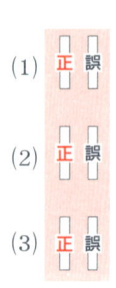

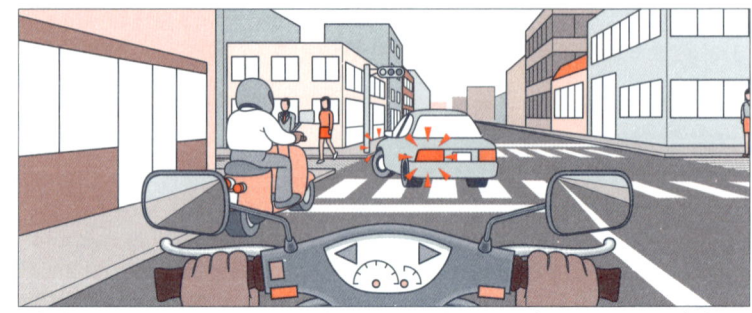

(1) 正 誤
(2) 正 誤
(3) 正 誤

(1) 前方の二輪車が左折中の乗用車を避けて右に進路変更してくると危険なので、二輪車の動きに注意しながら乗用車の右側を速度を上げて進行する。
(2) 前方の乗用車は横断している歩行者がいるため、横断歩道の手前で停止すると思われるので、速度を落として進行する。
(3) 交差点の前方の状況が見えにくいので、見やすいように前方の乗用車との車間距離をつめて進行する。

【問　2】交差点で右折待ちのため止まっています。どのようなことに注意して運転しますか？

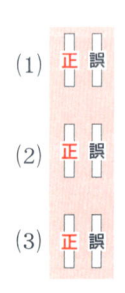

(1) 正 誤
(2) 正 誤
(3) 正 誤

(1) トラックは前の乗用車に進行を妨げられているため、すぐには進行してこないと思われるので、トラックが交差点内に入ってくる前に右折する。
(2) トラックは自分の車が右折をするのを待っていてくれると思われるので、できるだけ早く右折する。
(3) トラックの後ろの状況がわからないので、トラックの通過後、対向する交通の安全を確認してから右折する。

解答と解説

【問１】のPoint
前方の車の動きに注意して、速度を落とし、交差点内の状況を確認して、安全に通過しましょう。

【解答】

(1)－誤　加速して左折中の乗用車の右側を進行するのは危険です。

(2)－正　前方の二輪車は左折車が停止するため前方で停止したり、左折車を避けるため大きく右に進路変更して自車の前方に出てくるかもしれません。前方の二輪車の動きに注意して、速度を落として安全な車間距離をとるようにします。

(3)－誤　左折車のため交差点の前方や対向車の状況がよく分かりません。歩行者が横断歩道を通行しており、前車がその直前で停止するかもしれないので車間距離をつめるのは危険です。

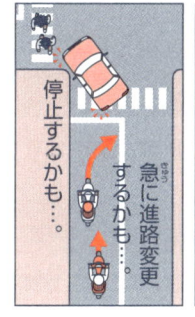

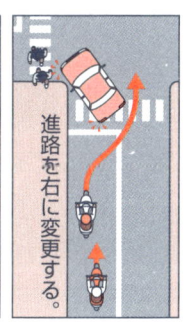

【問２】のPoint
交差点では見えない部分に危険が潜んでいるので、周りの交通状況を自分に都合よく判断すると事故の原因になります。

【解答】

(1)－誤

(2)－誤　トラックは右折車を避けながら交差点に進入してくることが考えられます。自分勝手に「交差点内に進入してこないだろう」とか「自分の車が右折するのを待ってくれるだろう」などと考えて運転すると、トラックが交差点内に進入してきて衝突する可能性もあり、たいへん危険です。

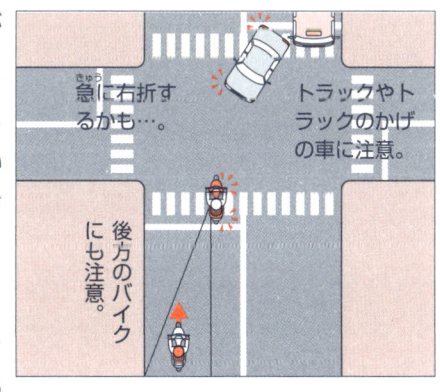

(3)－正　トラックの横に二輪車などの車がいて、交差点内に進入してくるかもしれないので、トラックの通過後に安全を確かめてから右折します。

● 危険予測イラスト問題 ●
夜間の交差点

【問　3】夜間、交差点の中をトラックに続いて5km/hで進行しています。右折するとき、どのようなことに注意して運転しますか？

(1) 正　誤
(2) 正　誤
(3) 正　誤

(1) トラックのかげで前方が見えないので、トラックが右折したあと対向車の状況や歩行者の動きを確かめてから右折する。
(2) トラックで前方が見えないので、トラックの右側方に並んで右折する。
(3) トラックのかげで前方が見えないので、トラックに続いて右折する。

【問　4】夜間、30km/hで進行しています。どのようなことに注意して運転しますか？

(1) 正　誤
(2) 正　誤
(3) 正　誤

(1) 前方に車のライトの光が見えるので、交差点の右から車が出てくることを考えて速度を落として接近する。
(2) 交差点を通過するときに交差点の右側から車が出てくると危険なので、自車の接近を知らせるためにライトを上下に数回切り替え、そのままの速度で通過する。
(3) 交差点に接近するときはライトをつけた車のほかに、無灯火の自転車などが飛び出してくる危険があるので、いつでも止まれる速度で走行する。

解答と解説

【問3】の Point
夜間の交差点ではとくによく自分の目で安全を確かめることが重要で、安全な速度まで落として右折しましょう。

【解答】

(1)—正　夜間の交差点に入るときは、対向車や横断中の歩行者などに気を配りながら、できる限り安全な速度と方法で通行します。

(2)—誤　二輪車は四輪車に比べて、対向してくる自動車から見えにくいので、

(3)—誤　前のトラックのかげになって相手から見えていないことがしばしばあります。右折したトラックのかげから対向車線を直進してくる車があるかもしれません。自分の目で安全を確かめてから右折します。

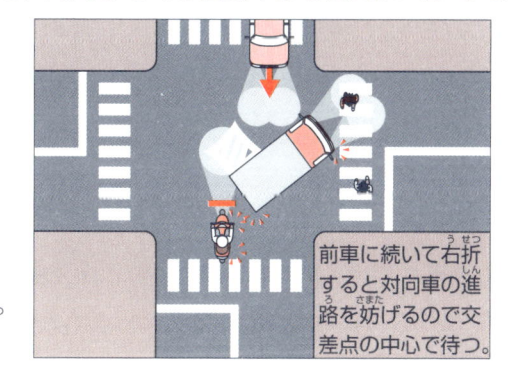

前車に続いて右折すると対向車の進路を妨げるので交差点の中心で待つ。

【問4】の Point
見通しの悪い夜の交差点ではライトの照射範囲が狭いので、ライトで自車の存在を知らせながら速度を落として進行しましょう。

【解答】

(1)—正　夜間、照明のない道路では前照灯の照射する範囲しか見えません。とくに二輪車は照射範囲が狭いので、右からの車に注意して速度を落とし安全に交差点に接近します。

(2)—誤　夜間の見通しの悪い交差点を通行するときは前照灯を上下に数回切り替えて、ほかの交通に自車の存在を知らせ、徐行します。

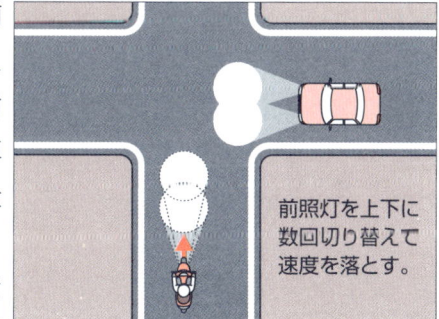

前照灯を上下に数回切り替えて速度を落とす。

(3)—正　見通しの悪い交差点では無灯火の自転車の急な飛び出しなどに対応できなくなることがあるので、いつでも止まれる速度に落とし、他の交通の急な動きに対処できるようにします。

● 危険予測イラスト問題 ●
交差点・右折と工事現場

【問 5】20km/hで交差点を右折しようとしています。対向車がパッシングしているとき、どのようなことに注意して運転しますか？

(1) 正 誤
(2) 正 誤
(3) 正 誤

(1) トラックがパッシングで右折するように合図をしているので、急いで右折する。
(2) 停止しているトラックの横にいる二輪車の動きと横断中の歩行者に注意しながら右折する。
(3) 停止しているトラックの横にいる二輪車が通過したら、素早く右折する。

【問 6】25km/hで進行しています。道路工事のため鉄板が敷かれています。どのようなことに注意して運転しますか？

(1) 正 誤
(2) 正 誤
(3) 正 誤

(1) 雨でぬれている鉄板の上は非常に滑りやすいので、あらかじめ速度を落とし、車間距離を十分に保って通行する。
(2) 工事現場の横を通るときは作業員などに注意して、速度を落とし、注意しながら通行する。
(3) 工事現場は危険が多いので、できるだけ早く通過できるように速度を上げる。

解答と解説

【問5】のPoint
対向車がパッシングをして右折するように合図をしても「サンキュー事故」に注意し、安全を確認してから右折しましょう。

【解答】

(1)—誤　対向車が右折するように合図をしてくれても、まず自分の目で安全の確認をすることがもっとも重要で、安全確認後に右折します。

(2)—正　混雑している道路での右折で、対向車に進路を譲ってもらっても安

(3)—誤　全確認が不十分なまま右折すると、停止している車の死角部分から進んできた二輪車などと衝突するおそれがあります。対向車などの動きに注意してゆっくり進むことが大切です。

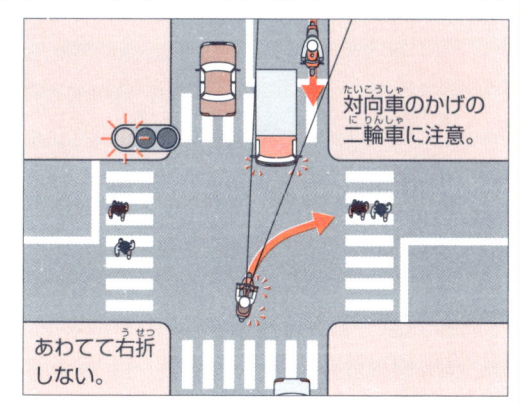

対向車のかげの二輪車に注意。
あわてて右折しない。

【問6】のPoint
工事現場の鉄板を敷いた路面の状態に十分気を配って走行し、工事現場での関係者の飛び出しにも注意しましょう。

【解答】

(1)—正　走行中は常に路面の状態に気を配る必要があります。とくに雨にぬれた鉄板の上でブレーキ操作を行うと積雪路面と同じように滑りやすくなり、停止距離も路面状態のよい場合に比べて2〜3倍に伸びることがあります。このような道路を通行するときは速度を落として車間距離を十分とって走行します。

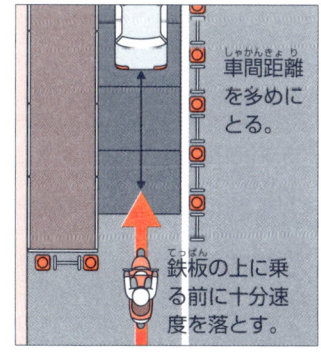

(2)—正　工事現場では関係者や工事車両が突然飛び出してくることがあるので、これらのことを考慮に入れた運転を心がけます。

(3)—誤　路面の状態が悪い工事現場付近では、車間距離を十分とり、速度を落として注意しながら通行しなければなりません。

車間距離を多めにとる。
鉄板の上に乗る前に十分速度を落とす。

● 危険予測イラスト問題 ●
歩道のある住宅街の道

【問 7】25km/hで進行しています。どのようなことに注意して運転しますか？

(1) 正 誤
(2) 正 誤
(3) 正 誤

(1) 駐車中のトラックの前方に横断歩道があるので、トラックの横を安全な速度で通過した後は、横断歩道をそのまま通過する。
(2) 対向車が接近しているので、対向車が来る前に駐車中のトラックの横を通過できるように加速する。
(3) 対向車が接近しているので、駐車中のトラックの後方で停止して、安全が確認できたら、トラックとの間隔を安全に保ち、トラックの前方に出る前に一時停止して安全が確認できたら通過する。

【問 8】20km/hで進行しています。どのようなことに注意して運転しますか？

(1) 正 誤
(2) 正 誤
(3) 正 誤

(1) ボールを追ってこどもが飛び出してくることを考えて、すぐに止まれるように速度を落として様子をうかがう。
(2) ボールを追ってこどもが飛び出してこないように警音器を鳴らして警告して、そのままの速度で進行する。
(3) ボールを追ってこどもが道路に飛び出してくる前に、加速して急いで通過する。

解答と解説

【問7】のPoint
トラックのかげになり状況の分からない横断歩道の手前では一時停止し、前方に障害物があれば対向車に進路を譲ります。

【解答】

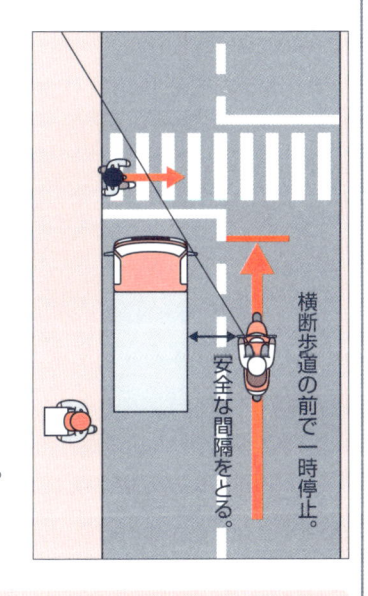

(1)―誤　横断歩道の直前に停止している車がある場合、その車の死角部分に横断しようとしている歩行者がいるかもしれないので、駐車中のトラックの前方に出る前に一時停止して安全を確かめます。

(2)―誤　前方に駐車中の車などがいるため、対向車線に出なければならないときは一時停止して、対向車の進路を妨げないようにしなければなりません。

(3)―正　トラックの前方に出る前に一時停止しなければなりません。

横断歩道の前で一時停止。
安全な間隔をとる。

【問8】のPoint
こどもが飛び出してくる危険を感じたら速度を落とし、一時停止も考えます。警音器では危険を避けられないこともあります。

【解答】

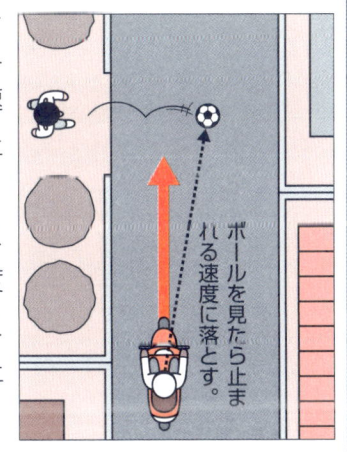

(1)―正　転がり出てきたボールを追いかけてこどもが飛び出してくることが予想されるので、こどもの飛び出しに備えて速度を落とし、場合によっては一時停止してようすをみます。

(2)―誤　危険を避けるために警音器を鳴らすことがありますが、この場合はまず速度を落とします。警音器の鳴らす音にこどもが驚いて道路の中央付近で立ち止まってしまうこともあり危険です。

(3)―誤　こどもの安全も確認しないで加速するのは危険です。

ボールを見たら止まれる速度に落とす。

● 危険予測イラスト問題 ●
通学路のある住宅街

【問 9】25km/hで進行しています。前方の止まっている車の後ろからバスが近づいているときは、どのようなことに注意して運転しますか？

(1) 正 誤
(2) 正 誤
(3) 正 誤

(1) バスは乗客の安全を考え無理な運転をしないと思われるので、バスが中央線をはみ出してくる前に加速して通過する。
(2) 止まっている車のかげから歩行者が出てくるかもしれないので、バスの動きに気をつけながら減速して通過する。
(3) バスは中央線をはみ出してくるかもしれないので、対向車がはみ出してこれないように中央線寄りを進行する。

【問10】25km/hで進行しています。どのようなことに注意して運転しますか？

(1) 正 誤
(2) 正 誤
(3) 正 誤

(1) こどもが話に夢中になって車道に出てくるかもしれないので、中央線寄りを加速して通過する。
(2) こどもたちの横を通るときに、対向車と行き違うと危険なので、ただちに加速する。
(3) こどもが車道に飛び出してくるかもしれないので、速度を落として進行する。

解答 と 解説

【問9】の Point
相手の立場を考えて行動し、対向車以外にも注意して進行します。一般的に加速して通過することは危険を伴います。

【解答】

(1)―誤　バスの動きがわからないので、加速して通過するのは危険です。

(2)―正　止まっている車のかげから歩行者や自転車が飛び出してくることも考えられます。バスが通過した後も、すぐに加速しないで十分注意して進行します。

(3)―誤　対向のバスの運転者は相手が進路を譲ってくれるだろうと考えて、止まっている車を避けるため道路の右側にはみ出してくるかもしれません。あらかじめ速度を落とし相手の動きに注意して、対向のバスに進路を譲るようにします。

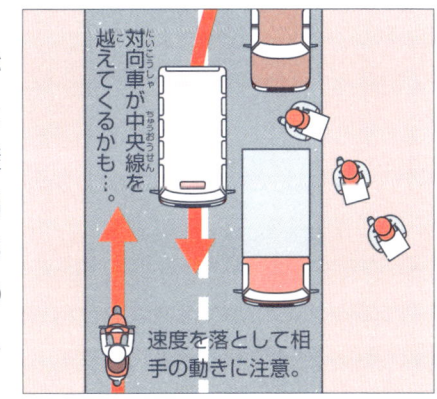

【問10】の Point
こどもの一瞬の行動範囲は広いので、危険を予測した運転をし、対向車にも十分注意しましょう。

【解答】

(1)―誤　こどもが車道に飛び出してきても大丈夫なように安全な速度に落とし、十分な間隔をあけるようにします。飛び出してきてからでは対応できません。

(2)―誤　中央線寄りを通行する場合は、対向車にも注意します。対向車が接近しているような場合は速度を落として対向車をやり過ごしてから、こどもとの間に安全な間隔をとるようにします。

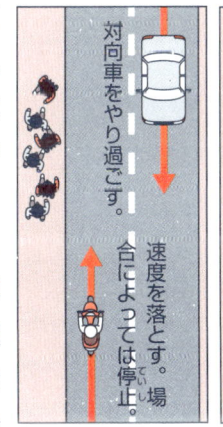

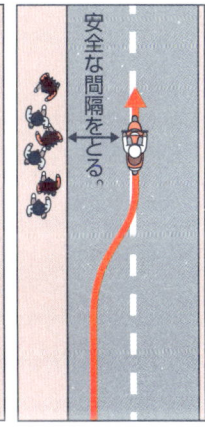

(3)―正　こどもの飛び出しにも対応できるように速度を落とします。

● 危険予測イラスト問題 ●
交差点・左折時の注意

【問11】15km/hで進行して歩行者用信号が点滅している交差点を左折するとき、どのようなことに注意して運転しますか？

(1) 正 誤
(2) 正 誤
(3) 正 誤

(1) 自転車は横断歩道の手前で停止すると思われるので、横断歩道の手前で停止することなく左折する。
(2) 自転車が急いで横断してくるかもしれないので、横断歩道の手前で安全に停止できるような速度で進行する。
(3) 急停止すると後続車に追突されるかもしれないので、ブレーキを数回に分けてかけ、後続車に注意を促す。

【問12】30km/hで進行しています。どのようなことに注意して運転しますか？

(1) 正 誤
(2) 正 誤
(3) 正 誤

(1) 歩道を走る自転車が前方の歩行者をよけるために車道に出てくるかもしれないので、速度を落として注意しながら走行する。
(2) 歩道を走る自転車が前方の歩行者をよけるために車道に出てきてもよけられるように、中央線からはみ出して走行する。
(3) 歩道を走る自転車が車道に出てくる前に通過できるように、加速して通過する。

解答 と 解説

【問11】の Point
左折するときは横断歩道を渡ってくる歩行者や自転車に注意し、横断歩道の手前で止まれるような速度で進行しましょう。

【解答】

(1)－誤　自転車は必ず横断歩道の手前で停止するとは限りません。むしろ自転車は歩行者用信号が赤になる前に急いで横断してくるかもしれないので、横断歩道の手前で停止できるようにします。

(2)－正　自転車が急いで横断してくることを考えて、横断歩道の手前で安全に停止できるように速度を落として進行します。

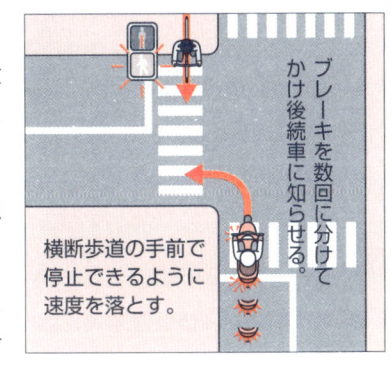

(3)－正　自転車の横断を妨げないように急停止すると、後続車の追突を招くおそれがあるので、停止することを知らせるため制動灯を点滅させて早めにブレーキ操作を行い、後続車の追突を防ぎます。

ブレーキを数回に分けてかけ後続車に知らせる。

横断歩道の手前で停止できるように速度を落とす。

【問12】の Point
歩道上を走る自転車と接近してくる対向車線の車にも注意し、安全な速度と間隔をとって走行する。

【解答】

(1)－正　歩道と車道に分かれている道路でも、自転車が目の前の歩行者を避けるためにガードレールの切れ目から車道に出てくることも考えられますので、速度を落とし、安全な間隔をとって進行します。また、対向車線の車との間にも安全な間隔をとる必要があります。

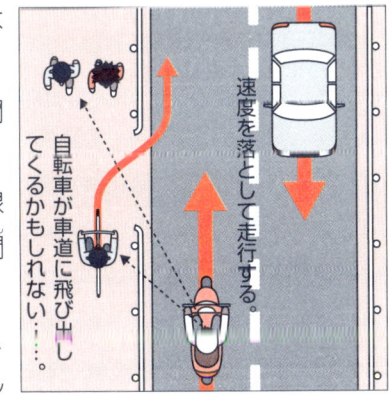

(2)－誤　中央線からはみ出さず、対向車線を走ってくる車との間に安全な間隔をとります。

(3)－誤　自転車はいつ車道に飛び出してくるか予測がつかないので、加速して通過するのは危険です。

自転車が車道に飛び出してくるかもしれない…。

速度を落として走行する。

第3章　学科試験攻略テスト

105

● 危険予測イラスト問題 ●
歩道のない住宅街の道

【問13】30km/hで進行しています。どのようなことに注意して運転しますか?

(1) 正 誤
(2) 正 誤
(3) 正 誤

(1) 自転車もこどももバイクの接近に気づいていないと思うので、速度を落として自転車やこどもの急な動きに対応できるようにする。
(2) こどもの横を通過するときに自転車を追い越すと危険なので、自転車だけを先に急いで追い越す。
(3) 自転車もこどももバイクの接近に気づいていないと思うので、警音器を鳴らして注意を促し、このままの速度で走行する。

【問14】30km/hで進行しています。どのようなことに注意して運転しますか?

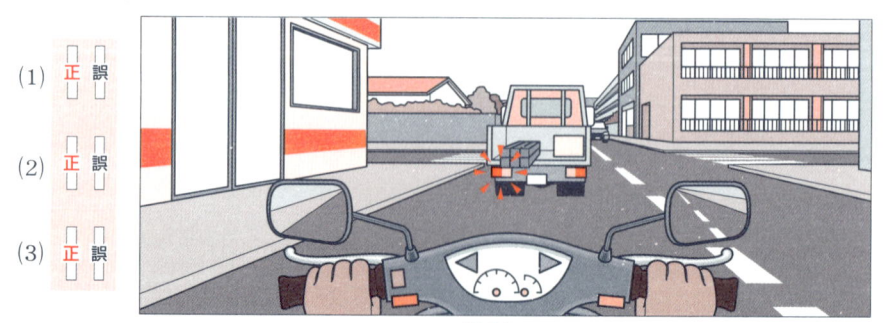

(1) 正 誤
(2) 正 誤
(3) 正 誤

(1) 前を走行するトラックは左折のため減速すると思うので、速度を落として車間距離を保つ。
(2) 前を走行するトラックは左折の際に徐行すると思われるので、中央線からはみ出して大きく右によける。
(3) 前のトラックは左折が終わっても後ろにはみ出した積み荷が突き出ている場合があるので、安全を確認するため速度を落とす。

解答 と 解説

【問13】の Point
両側に危険がある場合には、同時に両方に気を配ることは困難なので、速度を落とし、片方ずつ対応できる方法で通行します。

【解答】

(1)-正　狭い道路で両側に危険がある場合、両方に十分な間隔をあける必要があります。このまま進行すると自転車やこどもの急な動きに対処できないので、こどもの横を安全に通過するまでは速度を落として自転車の後ろを間隔を保って走行し、こどもの横を安全に通過した後、十分な間隔をとって自転車を追い越します。

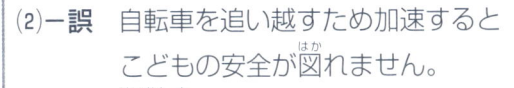

(2)-誤　自転車を追い越すため加速するとこどもの安全が図れません。

(3)-誤　警音器を鳴らす場所ではなく、速度を落とさないと危険です。

自転車とこどもの両方に注意を配り、速度を落として走行する。

【問14】の Point
前車のトラックの積み荷などの状況を把握し、十分な車間距離を保って進行しましょう。

【解答】

(1)-正　前車がいるときには、その車の状況を把握しておく必要があります。前車がトラックなどで荷物の先端に赤い布をつけている場合には、荷物が荷台からはみ出している印です。速度を落として十分な間隔を保つ必要があります。

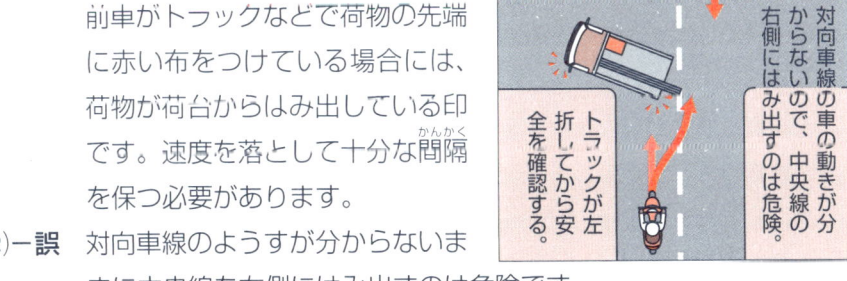

(2)-誤　対向車線のようすが分からないままに中央線を右側にはみ出すのは危険です。

(3)-正　前車に接近しすぎるとトラックからはみ出している荷物が進路をふさぐ形となり、急ブレーキや急ハンドルで避けなければならなくなるため危険です。速度を落とし安全な間隔を保ちます。

対向車線の車の動きが分からないので、中央線の右側にはみ出すのは危険。

トラックが左折してから安全を確認する。

本番で慌てないために！
学科試験対策のツボ ❶

駐停車や追い越しのできない所では、数字が絡んでくる問題が多く出題されるので注意しましょう。正確な数字をしっかり覚えておきましょう。

● **追い越しできない所** ●

☞ 30メートル
- 交差点（優先道路を通行している場合を除く）、踏切、横断歩道、自転車横断帯とその手前30m以内の所。

● **駐停車できない所** ●

☞ 10メートル
- 踏切とその端から前後10m以内の所。
- 安全地帯の左側とその前後10m以内の所。
- バス、路面電車の停留所の標示板（柱）から10m以内の所。

☞ 5メートル
- 交差点とその端から5m以内の所。
- 道路の曲がり角から5m以内の所。
- 横断歩道、自転車横断帯とその端から前後に5m以内の所。

● **駐車できない所** ●

☞ 5メートル
- 消防用機械器具の置場や消防用防火水そう、これらの道路に接する出入口から5m以内の所。
- 消火栓、指定消防水利の標識の位置や消防用防火水そうの取り入れ口から5m以内の所。
- 道路工事の区域の端から5m以内の所。

☞ 3.5メートル
- 駐車した車の右側に3.5m以上の余地がなくなる所。

☞ 3メートル
- 駐車場、車庫などの自動車の出入口から3m以内の所。

☞ 1メートル
- 火災報知機から1m以内の所。

踏切あり — 黄色
横断歩道
横断歩道・自転車横断帯
安全地帯
右方屈曲 — 黄色
道路工事中 — 黄色

➡「学科試験対策のツボ②」は222ページ

第4章

合格力を養う
実力判定模擬テスト

数多くの問題を素早く解くことにより「テスト慣れ」することが、正解率をアップさせる最善の方法。繰り返し正解を導き出すことで、一発合格を確実にするための交通ルールの正しい知識が短時間で効率的に身につきます。

☆模擬テスト：第1回～第18回

第1回 実力判定模擬テスト

◆制限時間：30分　◆45点以上正解で合格　◆問1〜問46：各1点、問47〜問48：各2点
（ただし、問47〜問48は3つの質問すべてを正解した場合に限り得点となる）

◆次のそれぞれの問題について、正しいものは「正」、誤っているものは「誤」のワクの中をぬりつぶしなさい。

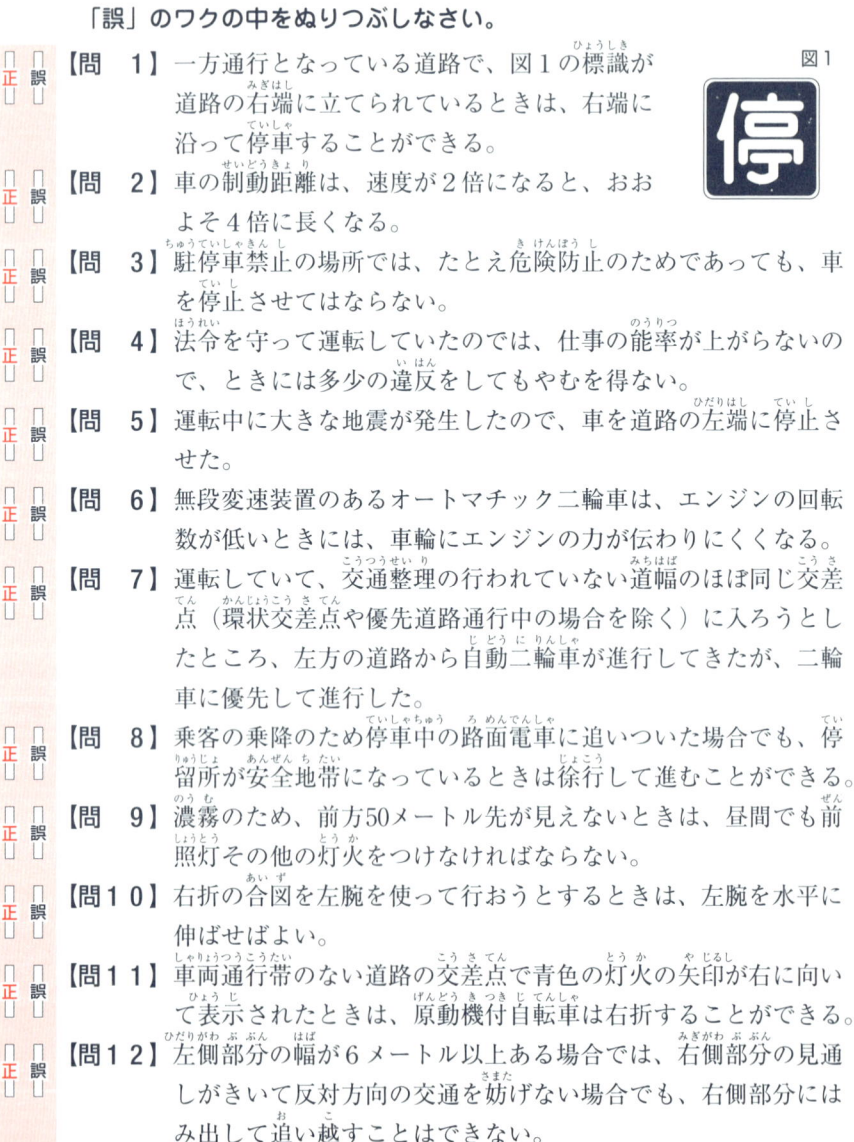

【問 1】 一方通行となっている道路で、図1の標識が道路の右端に立てられているときは、右端に沿って停車することができる。

図1

【問 2】 車の制動距離は、速度が2倍になると、おおよそ4倍に長くなる。

【問 3】 駐停車禁止の場所では、たとえ危険防止のためであっても、車を停止させてはならない。

【問 4】 法令を守って運転していたのでは、仕事の能率が上がらないので、ときには多少の違反をしてもやむを得ない。

【問 5】 運転中に大きな地震が発生したので、車を道路の左端に停止させた。

【問 6】 無段変速装置のあるオートマチック二輪車は、エンジンの回転数が低いときには、車輪にエンジンの力が伝わりにくくなる。

【問 7】 運転していて、交通整理の行われていない道幅のほぼ同じ交差点（環状交差点や優先道路通行中の場合を除く）に入ろうとしたところ、左方の道路から自動二輪車が進行してきたが、二輪車に優先して進行した。

【問 8】 乗客の乗降のため停車中の路面電車に追いついた場合でも、停留所が安全地帯になっているときは徐行して進むことができる。

【問 9】 濃霧のため、前方50メートル先が見えないときは、昼間でも前照灯その他の灯火をつけなければならない。

【問10】 右折の合図を左腕を使って行おうとするときは、左腕を水平に伸ばせばよい。

【問11】 車両通行帯のない道路の交差点で青色の灯火の矢印が右に向いて表示されたときは、原動機付自転車は右折することができる。

【問12】 左側部分の幅が6メートル以上ある場合では、右側部分の見通しがきいて反対方向の交通を妨げない場合でも、右側部分にはみ出して追い越すことはできない。

【問13】 ハンドルやブレーキが調整されていない整備不良車両でも、速度を出さないで注意すれば運転してもよい。

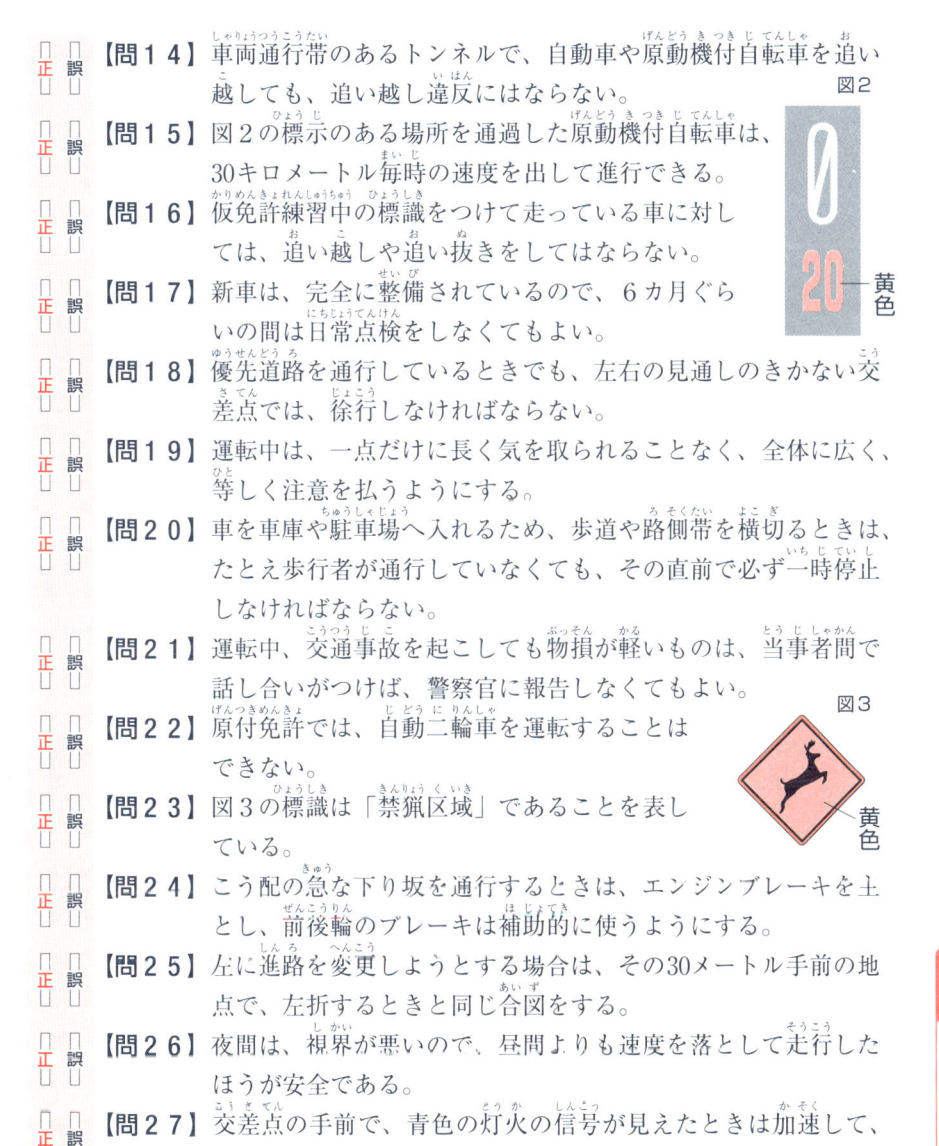

【問14】車両通行帯のあるトンネルで、自動車や原動機付自転車を追い越しても、追い越し違反にはならない。

【問15】図2の標示のある場所を通過した原動機付自転車は、30キロメートル毎時の速度を出して進行できる。

【問16】仮免許練習中の標識をつけて走っている車に対しては、追い越しや追い抜きをしてはならない。

【問17】新車は、完全に整備されているので、6カ月ぐらいの間は日常点検をしなくてもよい。

【問18】優先道路を通行しているときでも、左右の見通しのきかない交差点では、徐行しなければならない。

【問19】運転中は、一点だけに長く気を取られることなく、全体に広く、等しく注意を払うようにする。

【問20】車を車庫や駐車場へ入れるため、歩道や路側帯を横切るときは、たとえ歩行者が通行していなくても、その直前で必ず一時停止しなければならない。

【問21】運転中、交通事故を起こしても物損が軽いものは、当事者間で話し合いがつけば、警察官に報告しなくてもよい。

【問22】原付免許では、自動二輪車を運転することはできない。

【問23】図3の標識は「禁猟区域」であることを表している。

【問24】こう配の急な下り坂を通行するときは、エンジンブレーキを主とし、前後輪のブレーキは補助的に使うようにする。

【問25】左に進路を変更しようとする場合は、その30メートル手前の地点で、左折するときと同じ合図をする。

【問26】夜間は、視界が悪いので、昼間よりも速度を落として走行したほうが安全である。

【問27】交差点の手前で、青色の灯火の信号が見えたときは加速して、信号が変わらないうちに通過したほうがよい。

【問28】夕日の反射などで方向指示器が見えにくいときは、手による合図を併せて行うようにする。

【問29】二輪車のブレーキレバーを握ったところ2センチメートルぐらいの遊びがあったので、そのまま運転した。

【問30】車の速度を2倍にすると、衝突したときの衝撃力も2倍になる。

【問31】前の自動車が原動機付自転車を追い越そうとしているときは、その自動車を追い越してはならない。

【問32】原付免許を受けた者は、原動機付自転車のほかに小型特殊自動車も運転することができる。

【問33】踏切を通行しようとするとき、列車が通過した後ならば、警報機が鳴っていても進行することができる。

【問34】車を運転中、対向車との衝突のおそれなど危険な状態に近づいた場合でも、速度が速ければ速いほど避けやすくなる。

【問35】交差点で右折するときは、交差点の中心から30メートル手前の地点で、合図をしなければならない（環状交差点を除く）。

【問36】図4の標識のある場所から5メートル以内の道路に、友人を待つために車を止めても、運転者が車から離れなければ違反にはならない。

【問37】対面する信号が黄色の灯火に変わった場合、急ブレーキをかけても停止線の直前で停止できないときは、そのまま進行することができる。

【問38】図5の標示に近づいた場合、横断歩行者や自転車がいないことが明らかでないときは、直前で停止できるように減速して進行しなければならない。

【問39】二輪車のエンジンを止めないで押して歩くときも、歩行者として扱われる。

【問40】交通整理の行われていない交差点に、図6の標識があるときは、速度を20キロメートル毎時ぐらいに落として進行する。

【問41】原動機付自転車は、自動車ではないので、自動車損害賠償責任保険や責任共済には加入しなくてもよい。

【問42】二輪車のブレーキは、車体を垂直に保ち、ハンドルを切らない状態で、エンジンブレーキをきかせながら前後輪のブレーキを同時にかけるようにする。

【問43】運転者は、酒を飲んだら運転しない、乗るなら飲まない、という習慣を身につけなければならない。

【問44】左右の見通しのきかない交差点を通行するときは、警音器を鳴らしてほかの交通に注意させ、そのままの速度で進行する。

【問45】二輪車でカーブを曲がるときは、ハンドルを切るだけではなく、車体を傾けることによって自然に曲がる要領で運転する。

【問46】二輪車にまたがったら、足先が内側を向くようにして、両ひざでタンクを締めつけるようにする。

【問47】交差点の中をトラックに続いて5km/hで進行しています。右折するときは、どのようなことに注意して運転しますか？

(1) トラックのかげで対向車の状況がわからないので、トラックの右側に並んで右折する。
(2) トラックのかげで対向車の状況がわからないので、トラックの後方で一時停止してトラックが右折した後、対向車線の交通や歩行者の動きを確かめて右折する。
(3) トラックのかげで対向車の状況がわからないので、右折するときはトラックに続いて急いで進行する。

【問48】30km/hで進行しています。どのようなことに注意して運転しますか？

(1) 見通しが悪く、カーブの先が急になっていると曲がり切れずに、ガードレールに接触するおそれがあるので、速度を落として進行する。
(2) 対向車が来るようすがないので、このままの速度でカーブに入り、カーブの後半で一気に加速して進行する。
(3) 対向車が中央線を越えて進行してくることが考えられるので、速度を落として車線の左側に寄って進行する。

第1回 実力判定模擬テスト 解答&解説

●……試験によく出る頻出問題　🖐……引っかけ問題　★……理解しておきたい難問

問1：正　　　問2：正 ★
問3：誤　危険防止のためやむを得ないときは、駐停車禁止の場所であっても、停止することができる。★
問4：誤　運転中は法令を守り、絶対に違反をしないようにしなければならない。
問5：正　　　問6：正
問7：誤　自分の運転席から見て、左方の道路から進行してくる車の進行を妨げてはいけない。これを「左方優先」という。★
問8：正 ★　　問9：正
問10：誤　左腕での右折の合図は左腕を横に出し、ひじから先を上に曲げる。🖐
問11：正 🖐　　問12：正 ★
問13：誤　ハンドルやブレーキが調整されていない車は、重大な欠陥車なので、修理調整した後でなければ運転してはいけない。🖐
問14：正　　　問15：正 ●
問16：誤　直前への急な割り込みや幅寄せは禁止されているが、追い越しや追い抜きは禁止されていない。
問17：誤　新車、使用車に関係なく、走行距離や車の状態から判断して適切な時期に日常点検をしなければならない。🖐
問18：誤　優先道路を通行しているときは、左右の見通しがきかない交差点でも、徐行しないで進行することができる。●
問19：正　　　問20：正 ★
問21：誤　話し合いがついた、つかないに関係なく、警察官への事故報告は必ずしなければならない。
問22：正
問23：誤　この標識は、「動物が飛び出すおそれあり」の意味を表している警戒標識。
問24：正 ★
問25：誤　進路を変更しようとするときは、その行為をしようとする3秒前に合図をしなければならない。🖐
問26：正
問27：誤　交差点の手前で加速しては危険。信号が変わっても対処できるように運転していかなければならない。
問28：正 ★　　問29：正

問30：誤　衝撃力は車の速度を2倍にすると4倍になり、速度を3倍にすると9倍になる。✋

問31：誤　前の車が自動車を追い越そうとしているときの追い越しは禁止されているが、原動機付自転車は自動車には含まれていないので、追い越してもよい。✋

問32：誤　原付免許で運転できるのは、原動機付自転車だけ。それ以外の自動車を運転することはできない。

問33：誤　警報機が鳴っている間は、列車が通過した後であっても、踏切に入ってはいけない。

問34：誤　速度が速いと、ハンドルでかわす時間が短くなり、ブレーキをかけても止まれないので、危険は避けにくくなる。

問35：誤　交差点の中心からではなく、交差点の手前の側端から30メートル手前の地点で合図をしなければならない。✋

問36：誤　人待ちは駐車だから、この標識の位置から5メートル以内には止めることはできない。⭐

問37：正 ⭐　　問38：正

問39：誤　エンジンを止めないで押して歩いている二輪車は、歩行者には含まれない。

問40：誤　徐行とは、直ちに停止できるような速度で進行することをいい、およそ10キロメートル毎時以下をいう。🔴

問41：誤　自動車損害賠償責任保険か責任共済のどちらかに加入しなければ、原動機付自転車を運転することはできない。⭐

問42：正　　問43：正

問44：誤　交通整理が行われていない交差点で、優先道路でないときは、警音器は鳴らさずに、徐行して進行しなければならない。

問45：正

問46：誤　ステップに土踏まずを乗せて、足先がまっすぐ前方を向くようにして乗車しなければならない。

問47：　(1) 誤　(2) 正　(3) 誤
●自分の車が大型車など車のかげに隠れてしまい、対向車や横断歩道上の歩行者から自分の車が認知されていないかもしれないし、こちらからも交差点の状況や対向車線の交通が確認できない。右折するときは大型車が右折した後に、安全を確認してからにする。

問48：　(1) 正　(2) 誤　(3) 正
●カーブでは車に遠心力が働き外側に滑り出そうとするため、カーブ

を曲がり切れずにガードレールに接触したり、横転したりすることがある。カーブの手前では十分速度を落とす。
●カーブでは、あらかじめ対向車が来ることを予測しておくとともに、対向車が道路の中央からはみ出してくることがあるため、注意が必要。また、自分の車も道路の中央から右側へはみ出さないように注意する。

用語解説 1

◆道路
　道路法で定める国道、県道、市町村道などの道路のほか、自動車道や一般の交通に使われている公園内の道路なども道路とされることがある。

◆歩道
　歩行者の通行の用に供するための縁石線またはさく、その他これに類する工作物によって区画された道路の部分をいう。

◆車道
　車の通行の用に供するため縁石線もしくはさく、その他これに類する工作物または標示によって区画された道路の部分をいう。

◆本線車道
　高速自動車国道または自動車専用道路で通常高速走行をする部分をいう。

◆自転車道
　自転車の通行の用に供するため縁石線またはさく、その他これに類する工作物によって区画された車道の部分をいう。

◆歩行者用道路
　歩行者の通行の安全を図るため、標識によって車の通行が禁止されている道路の部分をいう。

◆横断歩道
　標識や標示により、歩行者の横断の用に供するための場所であることが示されている道路の部分をいう。

➡「用語解説 2」は130ページ

第2回 実力判定模擬テスト

◆制限時間：30分　◆45点以上正解で合格　◆問1〜問46：各1点、問47〜問48：各2点
（ただし、問47〜問48は3つの質問すべてを正解した場合に限り得点となる）

◆次のそれぞれの問題について、正しいものは「正」、誤っているものは「誤」のワクの中をぬりつぶしなさい。

【問 1】踏切では、低速ギアで発進し、素早く加速チェンジをして、スロットルグリップをいっぱいに回して一気に通過する。

【問 2】酒を飲んでいるのを知りながら原動機付自転車を運転して配達を依頼したときは、依頼した人も罰せられることがある。

【問 3】一方通行となっている道路で右折するときは、あらかじめ手前から道路の中央に寄り、交差点の中心の内側を徐行しなければならない（環状交差点を除く）。

【問 4】信号機の信号は横の信号が赤色であっても、前方の信号が青色であるとは限らない。

【問 5】冬は、エンジンが冷えているので、始動したらすぐにスロットルグリップをいっぱいに回して、高速回転で暖めるとよい。

【問 6】車を運転中、後方から緊急自動車が接近してきたが、交差点の付近ではなかったので、徐行してそのまま進行を続けた。

【問 7】警察官や交通巡視員の手信号と信号機の信号が違っているときは、警察官の手信号には従うが、交通巡視員の場合は信号機の信号に従わなければならない。

【問 8】夜間、対向車のライトがまぶしいときは、視点をやや左前方に移して、目がくらまないようにする。

【問 9】図1の標識のある道路に車を止め、運転者が車から離れたが、直ちに運転できる状態で4分間の荷物の積卸しを行った。

【問10】運転免許証に記載されている条件は、必ず守って運転する。

【問11】図2の補助標識は、どちらも本標識の始まりを表している。

【問12】車の速度が速いほど、近くの物がよく見え、遠くの物がぼやけて見えるようになる。

【問13】エンジンブレーキは低速ギアになるほど制動力は大きくなる。

【問14】こう配の急な下り坂は、追い越しは禁止されているが、駐車や停車をすることは禁止されていない。

【問15】危険を防止するためやむを得ないときを除き、急ブレーキをかけるような運転をしてはならない。

【問16】交通量が少ないときは、車両通行帯が黄色の線で区画されていても、いつでも進路を変えることができる。

【問17】前方が混雑していて横断歩道上で停止するおそれがあったが、歩行者が通行していなかったので、そのまま進行した。

【問18】原付免許では、原動機付自転車しか運転することができない。

【問19】深い水たまりを通行して、ブレーキ・ライニング（摩擦板）やドラム（筒）が水でぬれると、ブレーキのききがよくなる。

【問20】運転者が、危険を認めて急ブレーキをかけても、ブレーキがきき始めるまでには時間がかかるので、速度が速いほど危険が避けられなくなる。

【問21】駐車違反で放置車両確認標章を取り付けられたときは、運転者はその車を運転するときでも放置車両確認標章を取り外してはならない。

【問22】図3の標識のある道路の中央から右側部分を通行中、緊急自動車が接近してきたときは、必ず道路の右端に寄って進路を譲らなければならない。

図3

【問23】点火系統が水でぬれると、エンジンの調子が悪くなる。

【問24】燃料の量を点検するとき、エンジンスイッチを入れては危険である。

【問25】車は、車両通行帯のあるトンネルでは、自動車や原動機付自転車を追い越すことができる。

【問26】徐行や停止をする場合は、その行為をしようとするときに、ブレーキ灯が見えにくいときには手で合図をする。

【問27】横断歩道や自転車横断帯の手前30メートル以内の道路の部分は、追い越しは禁止されているが、追い抜きは禁止されていない。

【問28】交通整理をしている警察官が灯火を横に振っているとき、その振られている灯火の方向へ進行するすべての車は、直進、左折、右折することができる。

正 誤 【問２９】遠心力は、カーブの半径が小さい（急なカーブ）ほど、大きくなる。

正 誤 【問３０】原動機付自転車の荷台に荷物を積むときの高さの制限は、地上から2.5メートルまでである。

正 誤 【問３１】信号機が赤色の灯火の信号でも、青色の灯火の矢印が左向きに表示されているときは、すべての車が左折することができる。

正 誤 【問３２】図４の標示のある場所で、道路の中央から右側部分にわずかにはみ出して通行した。

図４

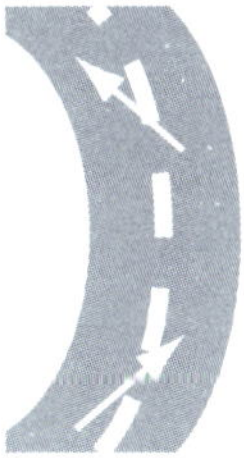

正 誤 【問３３】原付免許の運転免許証を紛失して、再交付を受ける前に原動機付自転車を運転すると、無免許運転になる。

正 誤 【問３４】徐行とは、車などが、直ちに停止することができるような速度で進行することをいう。

正 誤 【問３５】原動機付自転車は、車両通行帯のない道路では、道路の中央寄りを通行しなければならない。

正 誤 【問３６】消防用機械器具の置場から５メートル以内の場所で荷物の積卸しをする場合、運転者が車から離れていても、５分を超えて停止することができる。

正 誤 【問３７】原動機付自転車が、見通しのきく道路の曲がり角の付近で、徐行している小型特殊自動車を追い越した。

正 誤 【問３８】原動機付自転車には、30キログラムまでの荷物を積むことができる。

正 誤 【問３９】傷病者の救護のためやむを得ず駐車する場合、運転者が車から離れても直ちに運転できるときは、右側の道路上に3.5メートル以上の余地を残さなくてもよい。

正 誤 【問４０】黄色のつえを持って通行している歩行者がいたので、警音器を鳴らして注意を促し、その通行を止めて通行した。

正 誤 【問４１】乗合バスの運行が終了したので、バスの停留所から10メートル以内に車を止めて、友人宅を訪れた。

正 誤 【問４２】安全運転のためには、ブレーキをかけるよりも、まずハンドルでかわすのがよい。

正 誤 【問４３】トンネルに入ると明るさが急に変わり、視力が急激に低下するので、入る前に速度を落とすようにする。

正 誤 【問４４】エンジンブレーキを下り坂以外の場所で活用しても、制動距離には関係がない。

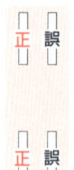

【問45】原動機付自転車は図5の標識のある交差点で青信号で右折するときは、交差点の中央の直近の内側を徐行して右折しなければならない。

【問46】原動機付自転車が、普通自動車を追い越そうとするときは、その左側を通行しなければならない。

【問47】踏切で前の車に続いて止まりました。踏切を通過するとき、どのようなことに注意して運転しますか？

(1) 前の車にさえぎられ前方の様子がわからないので、踏切の向こうに自分の原動機付自転車が入れる余地があるかを確かめてから、踏切に入る。
(2) 左側に踏切を渡ろうとしている歩行者がいるが、対向車も来ているので、歩行者を追い越して踏切の左寄りを通過する。
(3) 前の車に続いて踏切を通過すれば安全なので、前の車との車間距離をつめ踏切を通過する。

【問48】夜間、20Km/hで進行しています。黄色の点滅信号をしている交差点を直進するときは、どのようなことに注意して運転しますか？

(1) 右折しようとしている前のトラックのかげから、右折してくる対向車があるかもしれないので、トラックの左側を素早く直進する。
(2) 対向車ばかりか、左右の道路からも交差点に入ってくる車があるかもしれないので、左右や前方の安全を確認してから進行する。

(3) 左側の道路から交差点に入ってくる車は、赤の点滅信号に従えば一時停止するはずなので、そのまま速度を落とさずに進行する。

第2回 実力判定模擬テスト 解答＆解説

🔴……試験によく出る頻出問題　✋……引っかけ問題　★……理解しておきたい難問

問1：誤　踏切内では、加速チェンジをしないで、発進したときの低速ギアのまま、一気に通過する。★

問2：正

問3：誤　**一方通行の道路で右折**するときは、道路の中央に寄るのではなく、**道路の右端に寄って交差点の中心の内側を徐行**しなければならない。✋

問4：正

問5：誤　始動直後に高速回転させると、エンジンを傷めるので、オイルが循環するまで、スロー回転で暖めるとよい。

問6：誤　**道路の左側に寄って進路を譲る**。一方通行で左側に寄るとかえって緊急自動車の進行を妨げるときは**右側に寄って進路を譲**らなければならず、徐行の義務はない。★

問7：誤　交通巡視員の手信号も**警察官の手信号**と同じで、**信号機に優先する**から、交通巡視員の手信号に従って通行しなければならない。🔴

問8：正　　問9：正　　問10：正

問11：誤　これらの補助標識は、本標識の規制が「この地点で終わり」の意味を表している。

問12：誤　車の速度が速くなると、遠方ははっきり見えても、**近くの物は流れて見えにくくなる**。★

問13：正

問14：誤　こう配の急な下り坂は、駐停車禁止のほかに追い越し禁止、徐行すべき場所と定められている。🔴

問15：正

問16：誤　**黄色の線の車両通行帯**は、緊急自動車に進路を譲るときや道路工事を避けるときなどのほかは、**進路を変更できない**。

問17：誤　横断歩道上で停止する状況のときは、歩行者が通行していなくてもその手前で停止して、待たなければならない。

問18：正

問19：誤　ブレーキ・ライニングやドラムが水でぬれると、摩擦力が少なくなってブレーキのききは悪くなる。★
問20：正
問21：誤　運転者はその車を運転するときには放置車両確認標章を取り外すことができる。
問22：誤　原則として左側に寄って進路を譲らなければならない。しかし、左側に寄ると緊急自動車の進行を妨げるときに限り、右側に寄って進路を譲ることができる。
問23：正
問24：誤　燃料の残量を調べるときは、エンジンスイッチを入れないと、フューエルゲージ（燃料計）の針が作動しないものもある。
問25：正★　　問26：正
問27：誤　横断歩道と自転車横断帯は、その手前30メートル以内は追い越しも追い抜きもともに禁止されている。✋
問28：誤　二段階右折の交差点では原動機付自転車と軽車両は、直進と左折はできるが、直接右折することはできない。✋
問29：正★
問30：誤　原動機付自転車の積載制限の高さは、荷台の高さを含めて地上２メートルまでである。★
問31：正　　問32：正
問33：誤　免許証を紛失しても運転資格はなくならないので、無免許運転ではなく、免許証の携帯義務違反になる。
問34：正★
問35：誤　車両通行帯のない道路では、道路の左側に寄って通行しなければならない。
問36：誤　荷物の積卸しで運転者が車から離れていると駐車になるから、駐車禁止場所ではすぐに運転できる状態で５分以内に終わらせなければならない。
問37：誤　曲がり角の付近は、見通しがきくきかないに関係なく、追い越し禁止の場所だから、追い越しをしてはいけない。
問38：正★　　問39：正 🔴
問40：誤　白色や黄色のつえを持った歩行者は身体障害者であるから、警音器を鳴らさずに一時停止か徐行して、その通行を妨げてはならない。
問41：正★
問42：誤　安全運転をするには、ハンドルでかわすのではなく、まずブレーキを

かけて減速するか停止すること。

問43：正 ★

問44：誤　速度を落とすとき、エンジンブレーキと前後輪のブレーキを併用すると、制動距離を短くすることができる。

問45：正 ★

問46：誤　普通自動車が右折するため道路の中央や一方通行路の右端に寄って通行しているときを除いて、右側を追い越さなければならない。

問47：　(1) 正　　(2) 誤　　(3) 誤
- 踏切の先に自分の車の入る余地があるかどうかを確認してから、踏切に入る。踏切内で動きがとれなくなると、たいへん危険である。
- 踏切を通過するときあまり左に寄ると落輪するおそれがあり、大事故につながりがちである。対向車や歩行者に注意しながら、やや中央寄りを通行するようにする。
- 前の車に続いて踏切を通過するときにも一時停止し、安全を確かめなければならない。

問48：　(1) 誤　　(2) 正　　(3) 誤
- 黄色の点滅信号の交差点では、左右の道路から車が交差点に入ってくるばかりか、右折するトラックのかげから対向車が右折してくることもあるので、速度を落とし、左右や前方の安全を確かめる。
- 赤の点滅信号を無視して左右の道路から交差点に入ってくる車があるかもしれないので、左右の安全には十分注意する。

第3回 実力判定模擬テスト

◆制限時間：30分　◆45点以上正解で合格　◆問1〜問46：各1点、問47〜問48：各2点
（ただし、問47〜問48は3つの質問すべてを正解した場合に限り得点となる）

◆次のそれぞれの問題について、正しいものは「正」、誤っているものは「誤」のワクの中をぬりつぶしなさい。

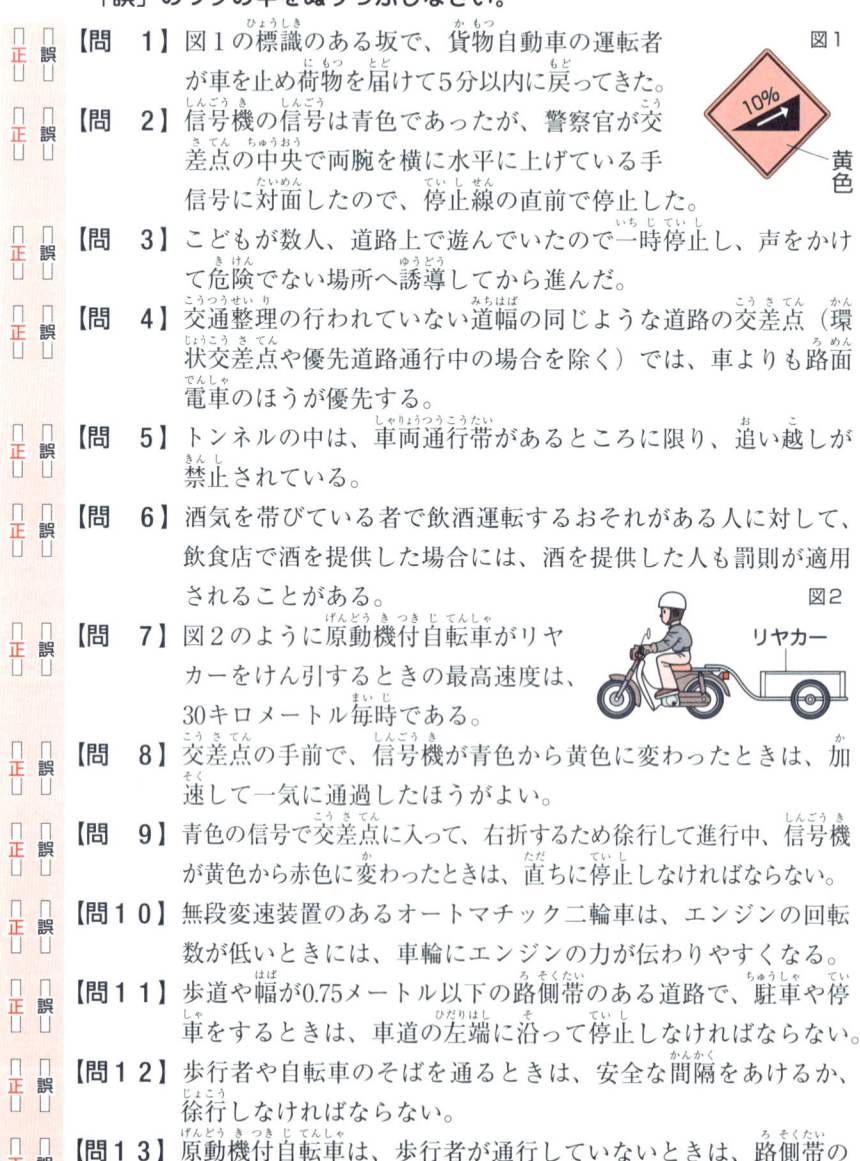

【問1】図1の標識のある坂で、貨物自動車の運転者が車を止め荷物を届けて5分以内に戻ってきた。

図1　10%　黄色

【問2】信号機の信号は青色であったが、警察官が交差点の中央で両腕を横に水平に上げている手信号に対面したので、停止線の直前で停止した。

【問3】こどもが数人、道路上で遊んでいたので一時停止し、声をかけて危険でない場所へ誘導してから進んだ。

【問4】交通整理の行われていない道幅の同じような道路の交差点（環状交差点や優先道路通行中の場合を除く）では、車よりも路面電車のほうが優先する。

【問5】トンネルの中は、車両通行帯があるところに限り、追い越しが禁止されている。

【問6】酒気を帯びている者で飲酒運転するおそれがある人に対して、飲食店で酒を提供した場合には、酒を提供した人も罰則が適用されることがある。

【問7】図2のように原動機付自転車がリヤカーをけん引するときの最高速度は、30キロメートル毎時である。

図2　リヤカー

【問8】交差点の手前で、信号機が青色から黄色に変わったときは、加速して一気に通過したほうがよい。

【問9】青色の信号で交差点に入って、右折するため徐行して進行中、信号機が黄色から赤色に変わったときは、直ちに停止しなければならない。

【問10】無段変速装置のあるオートマチック二輪車は、エンジンの回転数が低いときには、車輪にエンジンの力が伝わりやすくなる。

【問11】歩道や幅が0.75メートル以下の路側帯のある道路で、駐車や停車をするときは、車道の左端に沿って停止しなければならない。

【問12】歩行者や自転車のそばを通るときは、安全な間隔をあけるか、徐行しなければならない。

【問13】原動機付自転車は、歩行者が通行していないときは、路側帯の中を通行することができる。

【問14】夜間運転中は先のほうが見えないので、視線はできるだけ車の直前に向けるようにする。

【問15】大地震の警戒宣言が発令されたときは、少しでも早く安全な地域へ避難するため、行けるところまで車を使用したほうがよい。

【問16】大気汚染のため、光化学スモッグが発生するおそれがあるときは、車の運転を控えるようにする。

【問17】交差点やその付近以外を通行中、後方から緊急自動車が接近してきたので、左側に寄って進路を譲った。

【問18】上り坂の頂上付近で、荷物の積卸しのために停止することは差し支えない。

【問19】二輪車でブレーキをかけるとき、路面が乾燥しているときは、後輪ブレーキをやや強めにかける。

【問20】交通混雑のため、長い距離にわたって交通が停滞しているときは、自転車横断帯の上に停止してもやむを得ない。

【問21】排ガスの色が黒色のときは、混合ガスが不完全燃焼をしているので、燃料が無駄になっている。

【問22】体力に自信のある人は、最初から大型の二輪車に乗るようにしたほうが、運転上達への早道である。

【問23】暗いトンネルから明るい場所へ急に出たときは、一瞬視力が急激に低下し、見えなくなることがある。

【問24】速度超過や積載超過をしても、交通公害(走行騒音、振動、排気音など)には直接関係はない。

【問25】道路の左側部分の幅が6メートル以上あっても、追い越し禁止の場所でなければ、中央から右側部分にはみ出して追い越しをすることができる。

【問26】ブレーキを数回に分けてかけると、ブレーキ灯が点滅するので、追突事故の防止に役立つ。

図3 中央線

【問27】図3の標識は、道路の中央以外の部分を道路の中央として指定するときなどに設けられる。

【問28】二輪車の動きは、四輪車からは見えない場合があるので、二輪車の運転者は、周りの交通の動きについて一層の注意が必要である。

【問30】図4の標識のある道路は、「火薬類、爆発物、毒物、劇物などの格納倉庫地帯であるので、一般の車は通行禁止」の意味を表している。

図4 危険物

【問30】前方が混雑していて、そのまま進行すると踏切内で停止しなければならないような状況のときは、踏切に入ってはならない。

【問31】人を降ろすために、停車している車の横を通過して、その前方に入って停止しても、割り込みにはならない。

【問32】一方通行の道路では、道路の中央から右側部分にはみ出して通行することができる。

【問33】図5の標識のある交差点では、原動機付自転車は直進できるが、左折や右折をすることはできない。

【問34】タイヤの溝がすり減っていると、雨の日にスリップしやすく、停止距離も長くなる。

【問35】原付免許を停止されている者は、その期間中は原動機付自転車を運転してはならない。

【問36】図6の標示の路側帯のある道路で駐車するときは、路側帯に入って、車の左側に0.75メートルの余地を残さなければならない。

【問37】人身事故を起こしたときは、直ちに停止して事故の続発を防ぐとともに、他の交通の妨げにならないように措置して負傷者を保護してから、警察官に届け出る。

【問38】原動機付自転車を車庫へ入れるために歩道を横断する場合、歩道を通行する歩行者がいないときは、徐行することができる。

【問39】駐車場へ入るため、右折しようとして道路の中央に寄っている自動車を追い越すときは、その左側を通行しなければならない。

【問40】安全地帯のない停留所に路面電車が停車して乗客が乗り降りしていても、電車との間に1.5メートル以上の間隔を保つことができるときは、徐行することができる。

【問41】マフラー（消音器）が破損して、大きな排気音を出すような車は、運転してはならない。

【問42】図7の標示のある道路で、ただちに運転できる状態で3分間の荷物の積卸しを行った。

【問43】原付免許を受けた者が、総排気量80ccの二輪車を運転した。

【問44】原動機付自転車は、図8の標識のある道路を通行することができる。

□正 □誤 【問45】運転者が、危険状態を認めて急ブレーキをかけても、車はすぐには止まらない。

□正 □誤 【問46】夜間は、歩行者も車の交通量も少ないので、昼間よりも20〜30％速度を上げて走行しても安全である。

【問47】交差点を左折するために15km/hで進行しています。このとき、どのようなことに注意して運転しますか？

(1) □正 □誤
(2) □正 □誤
(3) □正 □誤

(1) 前のトラックは横断歩道の手前で止まるかもしれないので、速度を落とし安全な車間距離をとって、その動きをよく見ながら進行する。
(2) 前方のトラックは横断歩道の手前で止まると思われるので、トラックの左側を通って横断歩道の手前で停止する。
(3) 後続の四輪車が自分の車の右側を進行してくると、巻き込まれるおそれがあるので、その動きにも十分注意して左折する。

【問48】信号機のない交差点を20km/hで直進しようとしています。このとき、どのようなことに注意して運転しますか？

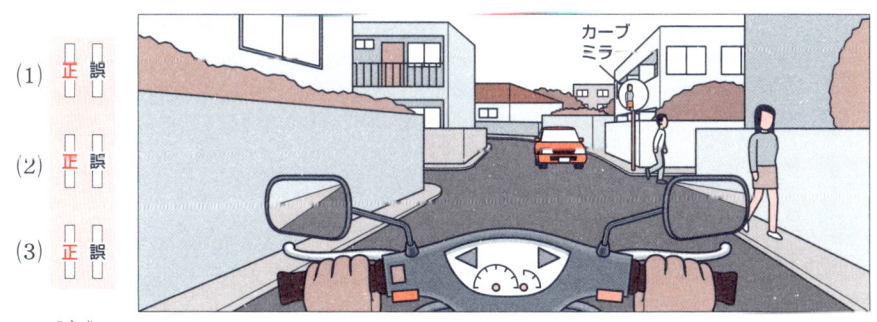

(1) □正 □誤
(2) □正 □誤
(3) □正 □誤

(1) 交差する左右の道路から歩行者や車が出てくるかもしれないので、カーブミラーや自分の目で直接、安全を確かめてから進行する。
(2) 歩行者が横断を終わろうとしているので、道路の中央に寄りながら、その後ろをそのままの速度で進行する。
(3) 見通しの悪い交差点では、その手前でいつでも止まれるように速度を落とし

て進行する。

第3回 実力判定模擬テスト 解答＆解説

●……試験によく出る頻出問題　🖐……引っかけ問題　★……理解しておきたい難問

問1：誤　傾斜角度10％（6度）以上は、こう配の急な坂なので、駐停車禁止の場所。★
問2：正★　問3：正　問4：正★
問5：誤　追い越しが禁止されているのは、車両通行帯のあるトンネルではなく、車両通行帯のないトンネル。🖐
問6：正
問7：誤　リヤカーをけん引している原動機付自転車の最高速度は25キロメートル毎時になる（リヤカーのけん引は都道府県条例により規制を受ける地域もある）。
問8：誤　停止位置で安全に停止できる距離があるのに加速して通過すると、信号無視になる（安全に停止できない場合は除く）。★
問9：誤　青色の信号で交差点内を進行中、信号が黄色から赤色に変わっても、そのまま進行することができる。🖐
問10：誤　無段変速装置のあるオートマチック二輪車は、エンジンの回転数が低いときには、車輪にエンジンの力が伝わりにくい特性がある。
問11：正●　問12：正
問13：誤　歩行者専用の路側帯を除き、路側帯の中を通行することができる車は、自転車などの軽車両だけ。
問14：誤　夜間は、少しでも早く歩行者や障害物を発見できるようにするため、できるだけ先のほうを見て運転するようにする。★
問15：誤　道路上が混乱し、避難路をふさぎ、車両火災を発生させる危険があるから、車で避難してはいけない。
問16：正★　問17：正
問18：誤　上り坂の頂上付近は、駐停車禁止の場所なので、荷物の積卸しの停車はできない。
問19：誤　二輪車でブレーキをかけるとき、路面が乾燥しているときは前輪ブレーキを、路面が滑りやすいときは後輪ブレーキをやや強めにかける。
問20：誤　自転車横断帯の上で停止しなければならないような状況のときは手前で停止して、進行してはいけない。★

問21：正
問22：誤　運転技量が上達しないのに大型の二輪車に乗るのは危険。初めは小型の二輪車から運転を始めるほうがよい。
問23：正 ★
問24：誤　速度超過や積載超過は、走行騒音や振動、大きな排気音、多量の排ガスなどを発生させ、交通公害の原因になる。
問25：誤　道路の中央から**右側部分にはみ出して追い越し**ができるのは、左側部分の幅が**6メートル未満の道路**の場合である。
問26：正 ●　問27：正　　問28：正
問29：誤　この標識は、「火薬類、爆発物、毒物、劇物などの危険物を積んでいる車の通行止め」を表している。
問30：正 ●　問31：正 ★　問32：正
問33：誤　大型貨物自動車や特定中型貨物自動車、大型特殊自動車は直進だけ。原動機付自転車は、直進、左折、右折のいずれもできる。✋
問34：正　　問35：正 ★　問36：正　　問37：正 ●
問38：誤　歩道を通行する歩行者がいるいないに関係なく、**歩道の直前で必ず一時停止**しなければならない。
問39：正 ★
問40：誤　**安全地帯**がないときは、いくら間隔があけられても、**乗降客がいなくなるまで後方で停止**しなければならない。✋
問41：正　　問42：正 ★
問43：誤　総排気量が50ccを超え400cc以下の二輪車は普通自動二輪車になるので、普通か大型の二輪免許を受けていないと運転できない。
問44：誤　「車両通行止め」の標識なので、原動機付自転車も通行することはできない。
問45：正
問46：誤　夜間は見えにくいので、昼間よりも速度を落として走らないと危険。
問47：　(1)正　(2)誤　(3)正
●前の車が横断歩道の手前で止まるだろうと考えて、トラックの左側を通るのはたいへん危険である。トラックが横断歩道の手前で停止せずに通過し、トラックに巻き込まれる危険がある。
●歩行者やトラックばかりに気をとられすぎて、右後方からの車に巻き込まれないように十分注意する。
問48：　(1)正　(2)誤　(3)正
●見通しの悪い交差点を通行するときには、歩行者や車などに十分注

意しながら、交差点の状況に応じて、できる限り安全な速度と方法で進行しなければならない。
●見通しの悪い交差点では、出合い頭の事故が多いので、すぐに止まれるように速度を落として、進行しなければならない。

用語解説 2

◆路側帯
歩行者の通行の用に供し、または車道の効用を保つため、歩道の設けられていない道路の左側の路肩寄りに設けられた帯状の部分で、標示によって区画されたものをいう。路側帯には次のようなものがある。

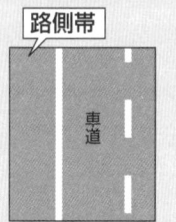

路側帯	駐停車禁止路側帯	歩行者用路側帯
軽車両の通行可。車の駐停車可。	軽車両の通行可。車の駐停車禁止。	軽車両の通行禁止。車の駐停車禁止。

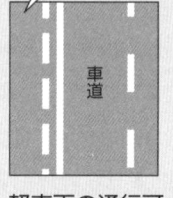

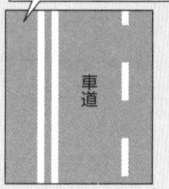

◆自転車横断帯
標識や標示により、自転車の横断の用に供するための場所であることが示されている道路の部分をいう。

◆交差点
十字路、T字路その他2つ以上の道路が交わる部分をいう。歩道と車道の区別のある道路では、車道の交わる部分だけを交差点という。

◆安全地帯
路面電車に乗り降りする人や道路を横断する歩行者などの安全を図るために設けられた島状の施設や、標識と標示の両方で安全地帯であることが示されている道路の部分をいう。

◆優先道路
「優先道路」の標識のある道路や交差点の真ん中まで中央線や車両通行帯がある道路をいう。

◆車両通行帯
車が道路の定められた部分を通行するように標示によって示された道路の部分をいう。

➡「用語解説 3」は137ページ

第4回 実力判定模擬テスト

◆制限時間：30分　◆45点以上正解で合格　◆問1〜問46：各1点、問47〜問48：各2点
（ただし、問47〜問48は3つの質問すべてを正解した場合に限り得点となる）

◆次のそれぞれの問題について、正しいものは「正」、誤っているものは「誤」のワクの中をぬりつぶしなさい。

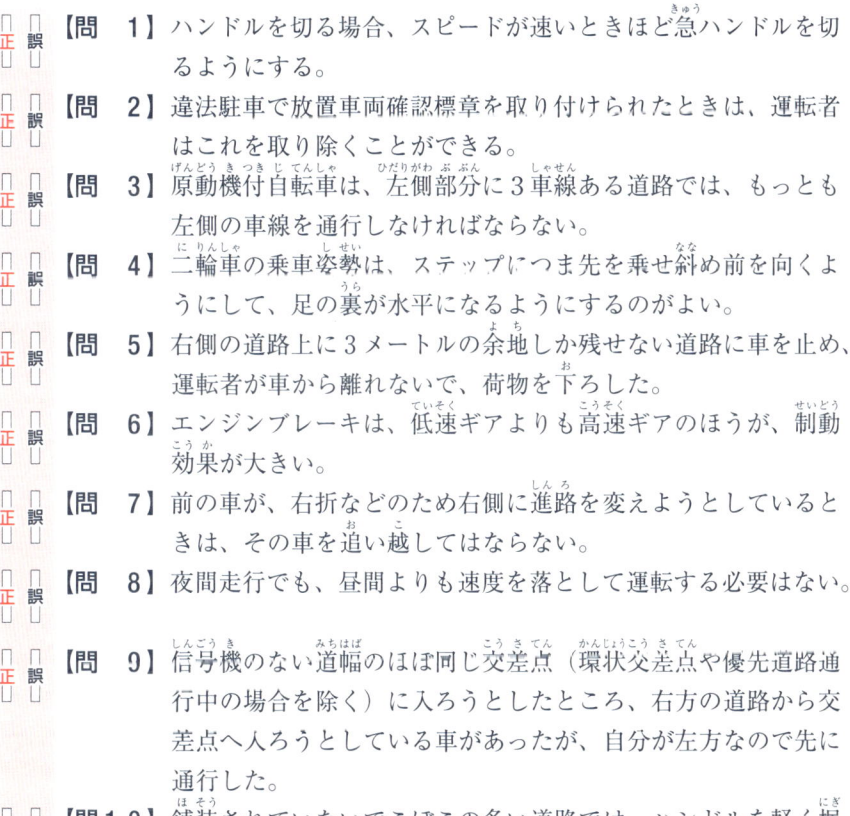

【問　1】ハンドルを切る場合、スピードが速いときほど急ハンドルを切るようにする。

【問　2】違法駐車で放置車両確認標章を取り付けられたときは、運転者はこれを取り除くことができる。

【問　3】原動機付自転車は、左側部分に3車線ある道路では、もっとも左側の車線を通行しなければならない。

【問　4】二輪車の乗車姿勢は、ステップにつま先を乗せ斜め前を向くようにして、足の裏が水平になるようにするのがよい。

【問　5】右側の道路上に3メートルの余地しか残せない道路に車を止め、運転者が車から離れないで、荷物を下ろした。

【問　6】エンジンブレーキは、低速ギアよりも高速ギアのほうが、制動効果が大きい。

【問　7】前の車が、右折などのため右側に進路を変えようとしているときは、その車を追い越してはならない。

【問　8】夜間走行でも、昼間よりも速度を落として運転する必要はない。

【問　9】信号機のない道幅のほぼ同じ交差点（環状交差点や優先道路通行中の場合を除く）に入ろうとしたところ、右方の道路から交差点へ入ろうとしている車があったが、自分が左方なので先に通行した。

【問10】舗装されていないでこぼこの多い道路では、ハンドルを軽く握り、速度を上げて一気に通過したほうがよい。

【問11】ギアを高速からいきなりローに入れると、エンジンを傷めたり、転倒したりするおそれがある。

【問12】駐車禁止の規制標識がある場所でも、荷物の積卸しをしている間は、時間に関係なく停止することができる。

【問13】車の速度が速くなればなるほど視野は狭くなり、近くの物は流れて見えにくくなるので、危険は大幅に増加する。

【問14】踏切を一時停止しないで通過できるのは、信号機のある踏切で、青信号に従うときだけである。

| 正 | 誤 | 【問15】図1の標識をつけて運転中の車には、危険防止のためやむを得ないときを除き、幅寄せや無理な割り込みをしてはならない。 |

図1 黄色 緑色

| 正 | 誤 | 【問16】下り坂を通行する場合は停止距離が長くなるので、平地を走るときよりも車間距離を多くとらなければならない。 |
| 正 | 誤 | 【問17】図2の標識のある場所の直前に停止している車があるときは、徐行しなければならない。 |

図2

| 正 | 誤 | 【問18】自転車横断帯の手前30メートル以内の道路の部分であっても、横断する自転車がいないときは、原動機付自転車を追い越すことができる。 |
| 正 | 誤 | 【問19】図3の標示のある道路であっても、原動機付自転車は30キロメートル毎時を超える速度で進行することはできない。 |

図3 黄色

正	誤	【問20】法令に従ったり、お互いに譲り合ったりすることは、かえって交通が混乱して危険を生じることになる。
正	誤	【問21】左右の見通しのきく踏切であっても、その手前30メートル以内の道路の部分は、追い越しが禁止されている。
正	誤	【問22】車両通行帯のある道路で、前方の車を追い越そうとするときは、原則として右側の通行帯に入って追い越さなければならない。
正	誤	【問23】原動機付自転車は、路線バス等専用通行帯がある場合、路線バス等の進行を妨げないときに限り、通行することができる。
正	誤	【問24】原動機付自転車でリヤカーをけん引したが、車から降りて押して歩くので、歩道を通行した。
正	誤	【問25】曲がり角の付近やこう配の急な下り坂は、見通しがよくても追い越し禁止、徐行の場所である。
正	誤	【問26】夜間、対向車のライトがまぶしかったので、しばらくの間、目をつぶって運転した。
正	誤	【問27】前方の停留所に止まっていた路線バスが、発進するため方向指示器で合図をしたときは、その横を急いで通過してよい。
正	誤	【問28】交通事故を起こしても、被害者との間に話し合いがつけば、警察官に報告しなくてもよい。
正	誤	【問29】燃料の消費量は、車の速度が速すぎても遅すぎても、どちらも多くなる。
正	誤	【問30】暗いトンネルに入ると、視力が急激に低下するので、あらかじめ速度を落として進入したほうがよい。

【問31】ブレーキ装置からブレーキ液が漏れると、ブレーキはきかなくなる。

【問32】黄色の灯火の矢印信号に対面した車は、黄色の灯火や赤色の灯火に関係なく、ほかの交通に注意して矢印の方向へ進行することができる。

【問33】夜間、警察官が交差点の中央で灯火を横に振っているとき、その灯火が振られている方向へ進行する交通は、青色の灯火の信号と同じ意味である。

【問34】雨の日、後輪が横滑りを始めたときは、まず、急ブレーキをかけるとよい。

【問35】火災報知機から1メートル以内の場所に車を止め、運転者が車に乗ったまま、5分間を超えて荷待ちをした。

【問36】雨や雪の日、靴に水や雪をつけたまま運転してペダルを踏むと、靴が滑って危険である。

【問37】原動機付自転車の所有者は、必ず自動車損害賠償責任保険か責任共済に加入しなければならない。

【問38】原付免許を受けて1年未満の運転者は、原動機付自転車の前か後ろのどちらかに初心運転者マークをつけなければならない。

【問39】図4の標識がある場合、原動機付自転車は軌道敷内を通行することができる。

図4

【問40】上り坂の途中で駐車するときは、チェンジペダルをトップに入れておくのが、もっとも安全である。

【問41】交差点の手前を走行中、前方から緊急自動車が接近してきたので、道路の左側に寄り、交差点の直前で停止した。

【問42】車の速度が2倍になると、ブレーキがきき始めてから車が止まるまでの距離は、おおよそ4倍になる。

【問43】同一方向に2つの車両通行帯があるときは、右側の通行帯を通行しなければならない。

【問44】歩道も路側帯もない道路に駐車するときは、車の左側に歩行者の通行用として0.75メートルの余地を残さなければならない。

【問45】夜間、交通量の多い市街地の道路を通行するときは、前照灯を下向きにして走行する。

【問46】図5の標識は、「原動機付自転車は、矢印で指定された方向以外へは進行できない」とい

図5

う意味を表している。

【問47】右折のため交差点で停止しています。対向車が左折の合図をしながら交差点に近づいてきたとき、どのようなことに注意して運転しますか？

(1) 正 誤
(2) 正 誤
(3) 正 誤

(1) 対向車の後方に他の車が見えなかったので、左折の合図をしている対向車より先に、そのまま右折を始める。
(2) 左折の合図をしている対向車が交差点に接近してきているので、対向車を先に左折させてから安全を確認し、右折する。
(3) 左折する対向車は歩行者が横断しているため、横断歩道の手前で停止すると考えられるので、対向車が横断歩道を通過する前に右折する。

【問48】信号が赤なので交差点の手前で停止していたところ、信号が青に変わりました。このとき、どのようなことに注意して運転しますか？

(1) 正 誤
(2) 正 誤
(3) 正 誤

(1) 信号が青になったので、安心して発進し直進する。
(2) 対向車が右折の合図をしているので、対向車がそのまま発進してこないか、その動きに注意して発進する。
(3) 信号が変わっても渡り切っていない歩行者がいないかなどを確かめてから発進する。

第4回 実力判定模擬テスト 解答&解説

🔴……試験によく出る頻出問題　✋……引っかけ問題　★……理解しておきたい難問

問1：誤　速い速度で走行中、低速で走行しているときと同じようなハンドル操作をすると、急ハンドルになって危険。

問2：正　　問3：正 ★

問4：誤　ステップに土踏まずを乗せ、足の裏が水平になるようにして、つま先はまっすぐ前方に向くようにする。★

問5：正 🔴

問6：誤　車輪がエンジンを回すエンジンブレーキは、**高速ギアよりも低速ギア**のほうがブレーキ効果が大きくなる。★

問7：正 ★

問8：誤　**夜間は暗くて見えにくいので、昼間と同じ速度で走るのは危険**である。昼間より速度を落として走るようにする。

問9：正 ★

問10：誤　でこぼこ道を通るときは、ハンドルをしっかりと握り、中腰姿勢でバランスをとり、低速で走行する。

問11：正 ★

問12：誤　**荷物の積卸しは、5分を超えると駐車**になるから、5分以内に終わらせてその場所を去らなければならない。

問13：正　　問14：正 ★　　問15：正　　問16：正 ★

問17：誤　横断歩行者や自転車を通すために停止している車なので、その横で一時停止した後でなければ進行できない。

問18：誤　**自転車横断帯の手前30メートル以内は、横断自転車の有無に関係なく、追い越し禁止の場所**である。

問19：正 ★

問20：誤　**交通法令を守り、お互いに譲り合って通行する**ことは、交通の流れを円滑にするとともに**事故防止に役立つ**。

問21：正 ★　　問22：正 ★

問23：誤　**原動機付自転車は、路線バスの運行に関係なく、左側の路線バス等専用通行帯を通行する**ことができる。✋

問24：誤　リヤカーをけん引しているときは歩行者に含まれないから、**車道の左端**を通行しなければならない。

問25：正

問26：誤　目をつぶるのは危険。幻惑されないように、左前方の道路上を見るよ

うにする。

問27：誤　急ブレーキや急ハンドルで避けなければならないようなときを除いて、**路線バスの発進を妨げてはいけない。**

問28：誤　法令に定められている事故措置が終わったら、**必ず警察官に事故報告をしなければならない。**

問29：正 ⭐　　問30：正　　問31：正

問32：誤　黄色の灯火の矢印信号でその矢印の方向に進行することができるのは、車ではなく、**路面電車**だけ。✋

問33：正

問34：誤　急ブレーキはかけないで、後輪が滑った方向に少しハンドルを切って、車の向きを立て直す。

問35：誤　**5分間を超える荷待ちは、継続的な停止で駐車になるから、駐車禁止**の場所では**止められない。**

問36：正　　問37：正 ⭐

問38：誤　初心運転者マークは、普通免許を受けて1年未満の運転者が、運転する普通自動車の前後につけなければならない標識。

問39：誤　軌道敷内通行可の標識で**軌道敷内を通行できるのは、自動車**だけであって、原動機付自転車は通行することができない。⭐

問40：誤　坂の途中で駐車する場合、チェンジペダルは、上り下りともローギアに入れておくのが安全。

問41：正　　問42：正 ⭐

問43：誤　同じ方向に2つの**車両通行帯**があるときは、**左側の通行帯**を通行しなければならない。

問44：誤　**歩道も路側帯もない道路に駐車**するときは、車の左側をあけないで、**道路の左端に寄せて止める。**⭐

問45：正

問46：誤　この標識がある交差点では、片側2車線以下の道路であっても、原動機付自転車は青信号で二段階右折をしなければならない。

問47：　(1) 誤　(2) 正　(3) 誤
●交差点を右折するときに左折の合図をしている対向車がいるときは、対向車を先に行かせるか、自分の車が先に右折するかを、対向車の交差点までの距離と速度などから判断する。
●対向車が横断歩道の手前で一時停止しようとしているときには、対向車の進路を妨げるような右折はしないようにする。

問48：　(1) 誤　(2) 正　(3) 正

●信号が赤色から青色に変わっても、周りの安全を確認してから発進する。青信号で渡り切れなかった歩行者や、赤信号に変わった直後に交差する道路を強引に通行しようとする車、直進車より先に右折してくる車などもいるかもしれないので、とくに注意が必要といえる。

用語解説 3

◆標識
　道路の交通に関し、規制や指示を表示する標示板をいう。

◆標示
　道路の交通に関し、規制や指示を表示する標示で、道路鋲、ペイントなどにより路面に描かれた線や記号、文字をいう。

◆運転
　道路で車や路面電車をその本来の用い方に従って用いることをいう。

◆駐車
　車などが客待ち、荷待ち、荷物の積卸し、故障その他の理由によって継続的に停止すること（人の乗り降りやすぐ運転できる状態での5分以内の荷物の積卸しのための停止を除く）や、運転者が車から離れて直ちに運転できない状態で車を停止することをいう。

◆停車
　車が停止することで、駐車以外のものをいう。

◆徐行
　車が直ちに停止することができる速度で進行することをいう（一般的にブレーキを操作してから1m以内で停止できる速度で、10km/h以下の速度といわれている）。

◆追い越し
　追い越しとは、車が進路を変えて、進行中の前の車などの前方に出ることをいう。

◆追い抜き
　追い抜きとは、車が進路を変えないで、進行中の前の車などの前方に出ることをいう。

◆交通公害
　道路の交通が原因で生ずる大気の汚染、騒音や振動によって、人の健康や生活環境に被害が生ずることをいう。

第5回 実力判定模擬テスト

◆制限時間：30分　◆45点以上正解で合格　◆問1～問46：各1点、問47～問48：各2点
（ただし、問47～問48は3つの質問すべてを正解した場合に限り得点となる）

◆次のそれぞれの問題について、正しいものは「正」、誤っているものは「誤」のワクの中をぬりつぶしなさい。

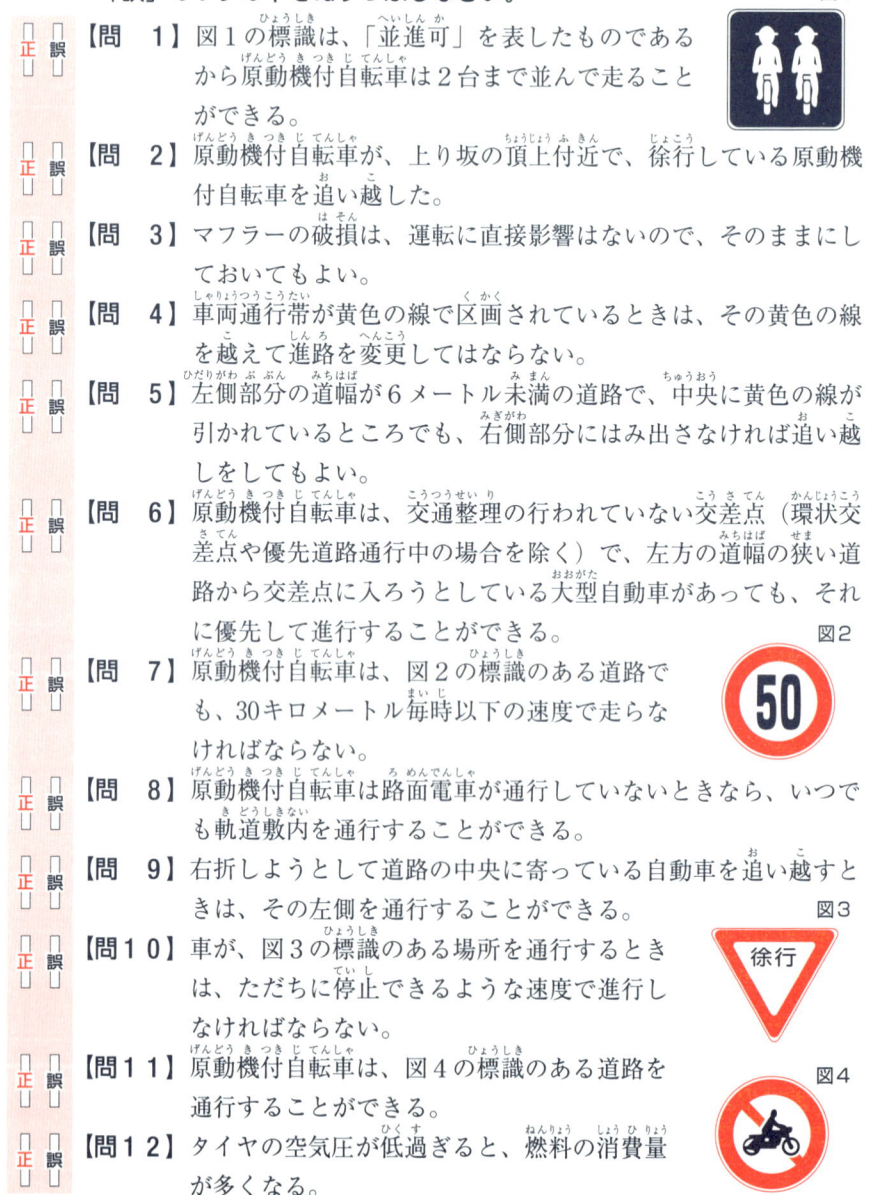

【問 1】図1の標識は、「並進可」を表したものであるから原動機付自転車は2台まで並んで走ることができる。

【問 2】原動機付自転車が、上り坂の頂上付近で、徐行している原動機付自転車を追い越した。

【問 3】マフラーの破損は、運転に直接影響はないので、そのままにしておいてもよい。

【問 4】車両通行帯が黄色の線で区画されているときは、その黄色の線を越えて進路を変更してはならない。

【問 5】左側部分の道幅が6メートル未満の道路で、中央に黄色の線が引かれているところでも、右側部分にはみ出さなければ追い越しをしてもよい。

【問 6】原動機付自転車は、交通整理の行われていない交差点（環状交差点や優先道路通行中の場合を除く）で、左方の道幅の狭い道路から交差点に入ろうとしている大型自動車があっても、それに優先して進行することができる。

【問 7】原動機付自転車は、図2の標識のある道路でも、30キロメートル毎時以下の速度で走らなければならない。

【問 8】原動機付自転車は路面電車が通行していないときなら、いつでも軌道敷内を通行することができる。

【問 9】右折しようとして道路の中央に寄っている自動車を追い越すときは、その左側を通行することができる。

【問10】車が、図3の標識のある場所を通行するときは、ただちに停止できるような速度で進行しなければならない。

【問11】原動機付自転車は、図4の標識のある道路を通行することができる。

【問12】タイヤの空気圧が低過ぎると、燃料の消費量が多くなる。

【問13】強い横風のときは、ハンドルを取られやすいので、速度を落として運転する。

【問14】図5の標示は、「すべての車の最高速度が40キロメートル毎時」を表している。

【問15】車は、前の車を追い越すためやむを得ないときは、軌道敷内を通行することができる。

【問16】こどもは、判断力が未熟なために無理に道路を横断しようとすることがあるので、とくに注意しなければならない。

【問17】上り坂で発進するときは、車を後退させないようにする。

【問18】交差点の中まで車両通行帯の線が引かれていても、優先道路の標識がなければ、優先道路ではない。

【問19】交差点で右折する場合の合図は、その交差点の中心から30メートル手前の地点に達したときに行う（環状交差点を除く）。

【問20】図6の標識は、「路肩崩壊の危険あり」の意味を表している。

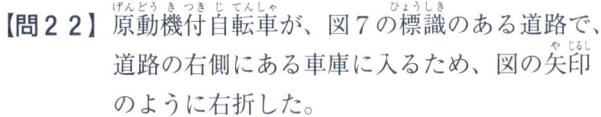

【問21】小型特殊免許の所有者が原動機付自転車を運転した。

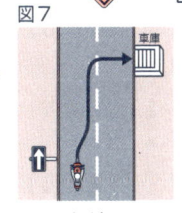

【問22】原動機付自転車が、図7の標識のある道路で、道路の右側にある車庫に入るため、図の矢印のように右折した。

【問23】日常点検をするとき、タイヤに釘などの金属片が噛み込んでいたり、刺さったりしていないかを点検する。

【問24】原動機付自転車が、リヤカーをけん引するときの法定速度は、20キロメートル毎時である。

【問25】酒を飲んでいるのを知っているのに運転を依頼したときには、依頼した者も罪に問われることがある。

【問26】原動機付自転車が、前方の自動車を追い越そうとするときは、その自動車の左側を通行しなければならない。

【問27】車を発進させるときは、バックミラーだけで後方を確認し急発進させて、車の流れの中に入ったほうがよい。

【問28】車の自然の流れの中で、不必要に速度を出して走行すると、他の車に迷惑を及ぼすことになる。

【問29】横断歩道と自転車横断帯は、横断するのが歩行者と自転車の違いがあるだけで、原動機付自転車がそこを通行する方法はまっ

たく変わらない。

【問30】山道では自分が通行区分を守り走っていても、対向車がカーブなどで中央線を越えて走ってくることがあるので十分注意する。

【問31】片側2車線の道路の交差点で、信号機が青信号を表示しているときには、原動機付自転車は、左折や右折をすることができる。

【問32】こう配の急な上り坂であっても、5分以内の荷物の積卸しならば、停車することができる。

【問33】チェーンの中央部分を指で押したところ、20ミリメートルぐらいのゆるみがあったので適当と判断し、そのまま運転した。

【問34】道路は、公共の場所だから、交通の少ない広い道路ならば車庫代わりに使用してもよい。

【問35】原動機付自転車ならば、一方通行となっている道路を逆方向へ進行することができる。

【問36】2本の白線で区画されている路側帯は、その幅が広いときに限って、中に入って駐停車することができる。

【問37】信号機のない踏切を前車に続いて通過するときでも、踏切の直前で必ず一時停止して、安全を確かめなければならない。

【問38】マフラー（消音器）がカーボン（すす）などでつまると、エンジンの出力が低下する。

【問39】雨の日は、工事現場の鉄板や路面電車のレールの上などは滑りやすくなるので、とくに注意して運転する。

【問40】雪道や凍りついた道では、横滑りや横転しないように、速度を十分落として運転する。

図8

【問41】狭い坂道での行き違いは、上りの車が下りの車に進路を譲らなければならない。

【問42】原動機付自転車は、図8の標示のある道路では、「二輪・軽車両」の車両通行帯を通行しなければならない。

【問43】雨の日は、ゴーグルがぬれたり曇ったりして見通しが悪くなるので、十分に安全を確かめて運転する。

【問44】こどもが数人、道路上でローラースケートをして遊んでいたので、警音器を鳴らして注意させ、その横を通過した。

【問45】ぬかるみのある場所では、車を発進させるときにスリップを起こしやすいので、なるべく停止しないようにする。

【問４６】環状交差点内を通行中、左方から進行してくる車があった場合は、進路を譲らなければならない。

【問４７】道路の前方に四輪車が止まっています。その右側部分に出て通過しなければならないときは、どのようなことに注意して運転しますか？

(1) 対向車が通過する前に加速して通過する。
(2) 通過するとき停止している四輪車との間に安全な間隔をとると中央線をはみ出すおそれがあるので、対向車が通過するまで四輪車の後方で停止して待つ。
(3) 停止している四輪車のドアが開くことが考えられるので、四輪車の手前で大きく中央線の右側によけて通過する。

【問４８】25km/hで交差点に差しかかったとき、信号が青から黄色に変わりました。このとき、どのようなことに注意して運転しますか？

(1) 停止位置に近づいていて安全に停止できないと思われるので、ほかの交通に注意して交差点を通過する。
(2) 信号が黄色に変わったのだから停止するのが当然なので、急ブレーキをかけ停止位置を越えても停止する。
(3) 信号が変わった直後なので、加速してそのまま交差点を通過する。

第5回 実力判定模擬テスト 解答&解説

●……試験によく出る頻出問題　✋……引っかけ問題　★……理解しておきたい難問

問1：誤　この標識は、普通自転車が2台並んで走れる意味の標識であって、原動機付自転車ではない。

問2：誤　**上り坂の頂上付近は、追い越し禁止、徐行すべき場所**なので、前車の後ろについて徐行し、追い越しをしてはいけない。★

問3：誤　**マフラーの破損は、大きな排気音を出して騒音公害の原因になる**から、修理した後でなければ運転してはいけない。

問4：正★　　問5：正★　　問6：正　　問7：正★

問8：誤　左折、右折、横断、転回、危険防止、道路工事などで通行するとき以外は、通行することができない。

問9：正●　　問10：正★

問11：誤　「二輪の自動車・一般原動機付自転車通行止め」の標識なので、通行することはできない。

問12：正　　問13：正

問14：誤　自動車の最高速度規制であって、**原動機付自転車は30キロメートル毎時以下**で走らなければならない。

問15：誤　「軌道敷内通行可」の標識がある場所を通行するときを除いて、他の車を追い越すために軌道敷内を通行することはできない。

問16：正★　　問17：正

問18：誤　**交差点の中まで車両通行帯の線が引かれている道路**は、優先道路の標識がなくても、それだけで**優先道路になる**。✋

問19：誤　交差点で右折する場合の合図は、交差点の手前の側端から30メートル手前の地点で行わなければならない。✋

問20：誤　この標識は、「落石のおそれあり」を表しているから、頭上に注意して進行しなければならない。

問21：誤　小型特殊免許で運転できるのは、小型特殊自動車だけで、原動機付自転車を運転することはできない。

問22：誤　**一方通行の道路で右折するときは、道路の中央に寄るのではなく、道路の右端に寄って**行わなければならない。✋

問23：正

問24：誤　原動機付自転車がリヤカーをけん引するときの最高速度は、25キロメートル毎時（リヤカーのけん引は都道府県条例により規制を受ける地域もある）。

問25：正
問26：誤　前車が右折するため、道路の中央や一方通行路の右端に寄って通行している場合を除き、右側を通行しなければいけない。★
問27：誤　バックミラーのほかに直接目視をして、安全を確認したうえで、ゆるやかに交通の流れの中に進入する。
問28：正　　問29：正　　問30：正★　　問31：正★
問32：誤　こう配の急な坂は、駐停車禁止の場所なので、荷物の積卸しのための停車をすることはできない。★
問33：正★
問34：誤　車の所有者は道路でない場所に車庫や駐車場などを用意して、車を保管しなければならない。
問35：誤　一方通行となっている道路では、補助標識によって除外されない限り、逆方向へ進行することはできない。
問36：誤　2本線で標示されている路側帯は、駐停車禁止の歩行者用の路側帯なので、中に入って駐停車することはできない。★
問37：正★　　問38：正　　問39：正●　　問40：正
問41：誤　狭い坂道での行き違いは、下りの車が安全な場所に停止して、上りの車に進路を譲らなければならない。★
問42：正　　問43：正
問44：誤　警音器は鳴らさずに、こども達の手前で一時停止か徐行して、安全に保護しなければならない。
問45：正
問46：誤　環状交差点内を通行する車が優先となる。
問47：　(1) 誤　(2) 正　(3) 誤
●四輪車の横で対向車と行き違うおそれがあるので、四輪車の後方で一時停止して待つ。
●停止している車のドアが急に開くことがあるので、そのまま通過しようとすると、中央線の右側に大きくよけなければならないため大変危険である。
問48：　(1) 正　(2) 誤　(3) 誤
●信号が黄色になったら停止するのが原則だが、安全に停止位置で停止できないときは、ほかの交通に注意して交差点を通過する。
●黄色の信号に変わったとき、停止するか通過するかの判断は、どの位置に自分の車があれば停止位置に安全に停止できるか、後ろの車との車間距離が安全か、自分の車の速度などを考え合わせたうえで行う。

第6回 実力判定模擬テスト

◆制限時間：30分　◆45点以上正解で合格　◆問1～問46：各1点、問47～問48：各2点
（ただし、問47～問48は3つの質問すべてを正解した場合に限り得点となる）

◆次のそれぞれの問題について、正しいものは「正」、誤っているものは「誤」のワクの中をぬりつぶしなさい。

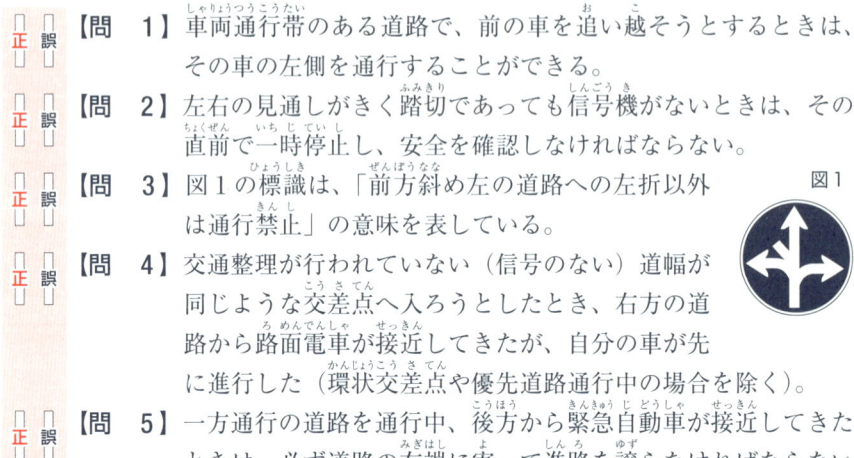

【問 1】車両通行帯のある道路で、前の車を追い越そうとするときは、その車の左側を通行することができる。

【問 2】左右の見通しがきく踏切であっても信号機がないときは、その直前で一時停止し、安全を確認しなければならない。

【問 3】図1の標識は、「前方斜め左の道路への左折以外は通行禁止」の意味を表している。

図1

【問 4】交通整理が行われていない（信号のない）道幅が同じような交差点へ入ろうとしたとき、右方の道路から路面電車が接近してきたが、自分の車が先に進行した（環状交差点や優先道路通行中の場合を除く）。

【問 5】一方通行の道路を通行中、後方から緊急自動車が接近してきたときは、必ず道路の右端に寄って進路を譲らなければならない。

【問 6】追い越しをするときは前方の安全を確かめたうえ、バックミラーなどによって右側や右斜め後方の安全も確かめてから行う。

【問 7】原動機付自転車が、道路外の駐車場へ入るため右折しようとする場合は、あらかじめ道路の左端に寄っていったん停止し、後方から進行してくる車を妨害しないように徐行して右折する。

【問 8】後車に追い越される車は、後車が追い越しを終わるまで、速度を上げてはならない。

【問 9】日常点検のとき、前照灯がつかなかったが、夕刻までには帰る予定であったのでそのまま運転した。

【問10】災害が発生し、災害対策基本法により、道路の区間を指定して交通の規制が行われたときは、規制が行われている道路の区間以外の場所に車を移動する。

【問11】こどもが急に道路上に飛び出してきたので、危険防止のためやむを得ず、急ブレーキをかけて停止した。

【問12】車に荷物を積むとき、片寄ったり高くなったりすると、車は横転しやすくなる。

図2

【問13】原動機付自転車は、図2の標示のある通行帯を通行することができる。

正 誤 【問１４】太陽が方向指示器に反射して、他の交通から見えないような状態のときは、手の合図を併せて行うようにする。

正 誤 【問１５】長時間連続して運転するのは危険なので、３時間に１回程度の適当な休息時間をとるようにする。

正 誤 【問１６】交通事故で歩行者に軽いけがをさせたときは、医師の診断を受けさせれば、警察官に事故報告はしなくてもよい。

正 誤 【問１７】車を運転するときは、歩行者やほかの車に危害を及ぼさないような速度と方法で、運転しなければならない。

正 誤 【問１８】昼間でも濃霧などで視界が50メートル以下になったときは、前照灯その他の灯火をつけなければならない。

正 誤 【問１９】車を車庫に入れるため歩道を横断するときは、歩道を通行している歩行者に注意して徐行しなければならない。

正 誤 【問２０】走行中の車に働く自然の法則とその運転に及ぼす影響について、正しい知識を身につけることは、安全運転のために必要なことである。

正 誤 【問２１】安全地帯のない停留所で、乗客の乗降のため停車している路面電車に追いついたときは、その横を徐行して通過する。

正 誤 【問２２】二輪車でカーブを曲がるときは、ハンドルを切るだけではなく、車体を傾けることによって自然にカーブする要領で通行する。

正 誤 【問２３】交通が停滞しているときは、前方に「停止禁止部分」の標示があっても、その中に入って停止することができる。

正 誤 【問２４】トンネル内は暗くて狭いので、車両通行帯のあるなしに関係なく、追い越しは禁止されている。

図３

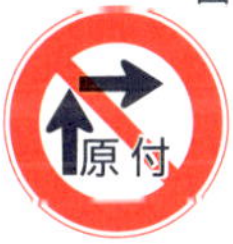

正 誤 【問２５】黄色の灯火の信号に対面した車は、ほかの交通に注意すれば、どの方向へも進んでよい。

正 誤 【問２６】図３の標識のある交差点では、原動機付自転車は、直進と右折することができない。

正 誤 【問２７】原動機付自転車は、一方通行の道路で右折するときは、あらかじめ道路の右端に寄らなければならない。

正 誤 【問２８】大地震が発生して車を置いて避難するときは、できるだけ道路外に停止させるようにする。

正 誤 【問２９】前の車が、普通自動二輪車を追い越そうとしているときは、その車を追い越すことができる。

正 誤 【問３０】原動機付自転車を運転中、ハンドルを切りながらブレーキをかけると、転倒しやすい。

【問31】対向車と正面衝突のおそれが生じたときは、警音器とブレーキを同時に使って、できる限り道路の左端に寄る。

【問32】下り坂を走行中、ブレーキがきかなくなったときは、チェンジペダルをニュートラルの位置に戻す。

【問33】後車輪が右のほうへ横滑りを始めたときは、まずハンドルを左に切って、急ブレーキをかけるとよい。

【問34】走行中、前車輪がパンクしたので、ハンドルをしっかりと握り、車の方向を立てなおすことに全力を集中した。

【問35】スロットルグリップを回したとき、ワイヤーが引っ掛かって戻らなくなったので、点火スイッチを切った。

【問36】車にガソリンを補給するときは、エンジンを止めてから行う。

【問37】踏切内で故障し移動できなかったので、踏切内に車を置いたまま、修理工場へ連絡した。

図4

【問38】図4の表示板のある場所で駐車するときは、パーキングチケットの発給を受け、それを提示して駐車しなければならない。

【問39】駐車禁止の場所で、運転者が車から離れないで、5分間友人が来るのを待った。

【問40】事故現場には、ガソリンやオイルが流れていることがあるので、タバコを吸ったり、マッチを捨てたりしないようにする。

【問41】踏切や交差点の手前で前車が速度を落としたときは、自分も速度を落として、その後ろに続くべきである。

図5

【問42】図5の路側帯のある道路で駐車するときは、路側帯に入って、車の左側に0.75メートルの余地を残さなければならない。

【問43】赤色の灯火の信号に対面した車は、停止位置で一時停止した後、進行することができる。

【問44】暗いトンネルに入ると、視力が急激に低下するので、あらかじめその手前で速度を落としたほうがよい。

【問45】駐車禁止の場所で荷物の到着を待つため車を止めても、運転者がすぐに運転できる状態のときは、5分までは停車できる。

【問46】原動機付自転車を運転するときは、運転免許証、強制保険証明書などがあるかどうか、確かめなければならない。

146

【問47】25km/hで進行しています。前方の安全地帯のない停留所に路面電車が停車しているときは、どのようなことに注意して運転しますか？

(1) 正 誤
(2) 正 誤
(3) 正 誤

(1) 路面電車から降りる人が道路を渡り切るときに、路面電車の横をすばやく通過できるように、速度を少し落として進行する。
(2) 路面電車から乗り降りする人がいなくなるまで、路面電車の後方で停止して待つ。
(3) 路面電車から乗り降りする人が見えるが、降りる人はすぐには横断しそうもないので、徐行しながら道路の左寄りを進行する。

【問48】20km/hで進行しています。狭い道路なので行き違いをするときには、どのようなことに注意して運転しますか？

(1) 正 誤
(2) 正 誤
(3) 正 誤

(1) 対向車がよけて停止してくれると思われるので、加速して急いで通過する。
(2) 対向車の後ろの自転車は対向車に合わせて待ってくれると思われるので、対向車との間に安全な間隔を保って通過する。
(3) 対向車が停止してくれても、その横を自転車が進行してきて、行き違うおそれがあるので、自転車の動きに注意して徐行する。

第6回 実力判定模擬テスト 解答&解説

●……試験によく出る頻出問題　✋……引っかけ問題　★……理解しておきたい難問

問1：誤　車両通行帯のある道路で追い越しをするときは、**合図をしてから右側の通行帯に入って追い越しをしなければならない。**●

問2：正 ★

問3：誤　この標識は、斜め左の道路への左折は禁止しているが、直進、左折、右折はできる意味を表している。

問4：誤　車が交差点へ入ろうとするとき、路面電車が左右どちらから接近してきても、**路面電車の進行を妨げてはいけない。**★

問5：誤　左側に寄って進路を譲るのが原則だが、左側に寄るとかえって妨げになるときに限り、右側に寄って進路を譲ることができる。✋

問6：正 ★

問7：誤　駐車場に入るため右折するときは、交差点の右折と同じで、**道路の中央に寄って（一方通行の場合は右端に寄って）、徐行し右折する。**

問8：正 ★

問9：誤　昼間でも灯火をつけなければならない場合があるので、修理調整した後でなければ、運転してはいけない。

問10：正　　問11：正　　問12：正　　問13：正　　問14：正

問15：誤　長時間運転は神経が疲れるので、長くても2時間に1回は、**適当な休息をとって運転するようにする。**

問16：誤　負傷者を救護し、事故の続発を防ぐ措置をとった後は、**警察官に必ず事故報告をしなければならない。**★

問17：正　　問18：正 ★

問19：誤　車が歩道を横断するときは、歩道の直前で**必ず一時停止する。**★

問20：正

問21：誤　安全地帯のないときは、路面電車の左側に乗降客が1人もいなくなるまで、後方で停止しなければならない。

問22：正 ★

問23：誤　停止禁止部分の中で停止するような状況のときは、手前で停止して、進行してはならない。

問24：誤　車両通行帯のないトンネルでは、追い越しが禁止されている。★

問25：誤　安全に停止できる車は停止位置の直前で停止し、信号が青色に変わるのを待たなければならない。

問26：誤　「右折方法（小回り）」の標識なので、多車線道路であっても、**交差点**

の中心の直近の内側を徐行して右折することができる。**直進もできる。**

問27：正　　　問28：正 ★

問29：誤　　前車が、自動車（大型、中型、準中型、普通、大型特殊、大型二輪、普通二輪、小型特殊のうちどれか）を追い越そうとしているときに追い越すのは、二重追い越しとして禁止されている。★

問30：正　　　問31：正

問32：誤　　一段下のギアにチェンジして、エンジンブレーキで減速する。それでも止まらないときは、土砂などに突っ込んで止める。

問33：誤　　**後車輪が右へ滑ったときは、車は左に向くから、ハンドルを右に切る。**つまり、**滑る方向へハンドルを切り、急ブレーキは避ける。**

問34：正 ★　　問35：正 ★　　問36：正

問37：誤　　周囲にいる人の手を借りて、車を踏切外へ押し出すようにする（四輪車の場合は、非常ボタンを押すなどして、列車の運転手に知らせてから、その後車を踏切外に移動させる）。

問38：正

問39：誤　　**人待ちは継続的な停止で駐車**だから、**短時間であっても駐車禁止の場所で車を止めることはできない。**

問40：正　　　問41：正　　　問42：正

問43：誤　　赤信号なので、停止位置で停止したまま、正面の信号が青信号に変わるのを待たなければならない。✋

問44：正 ★

問45：誤　　運転者がすぐに運転できる状態で**5分以内が停車**になるのは、**荷物の積卸しの場合だけ**。荷待ちや人待ちの場合は**駐車**となる。★

問46．正

問47：　（1) 誤　　(2) 正　　(3) 誤
　●安全地帯のない路面電車の停留所で乗り降りする人がいる場合には、乗降客や道路を横断する人がいなくなるまで路面電車の後方で停止して待たなければならない。
　●乗降客の中には急いで道路を横断する人や高齢者などのようにゆっくり横断する人など、いろいろいるので、十分注意してそれらの人がいなくなるまで待つようにする。

問48：　(1) 誤　　(2) 誤　　(3) 正
　●車を運転しているときには、歩行者を含めて自分に都合のよい判断をして「待ってくれるだろう」とか「止まってくれるだろう」と考えてはいけない。
　●自転車が進行してくることも十分考えられるので、危険を予測して、安全な間隔をとるか、徐行しなければならない。

第7回 実力判定模擬テスト

◆制限時間：30分　◆45点以上正解で合格　◆問1～問46：各1点、問47～問48：各2点
（ただし、問47～問48は3つの質問すべてを正解した場合に限り得点となる）

◆次のそれぞれの問題について、正しいものは「正」、誤っているものは「誤」のワクの中をぬりつぶしなさい。

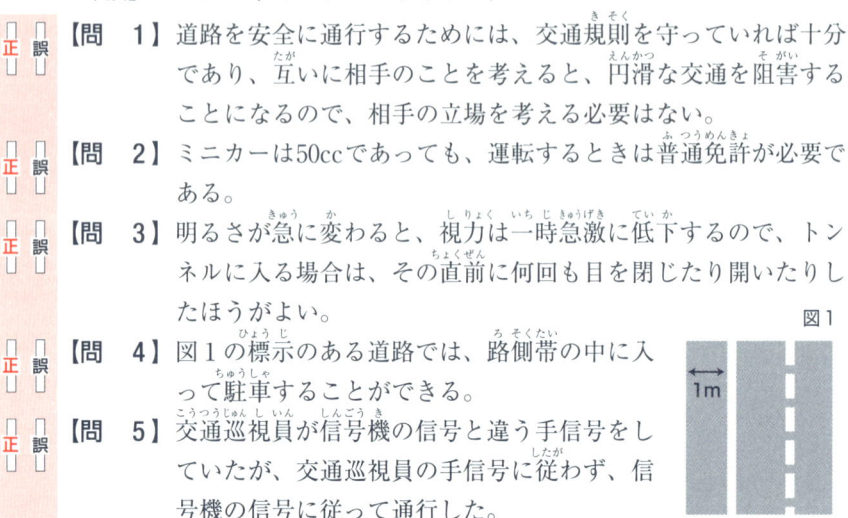

【問1】道路を安全に通行するためには、交通規則を守っていれば十分であり、互いに相手のことを考えると、円滑な交通を阻害することになるので、相手の立場を考える必要はない。

【問2】ミニカーは50ccであっても、運転するときは普通免許が必要である。

【問3】明るさが急に変わると、視力は一時急激に低下するので、トンネルに入る場合は、その直前に何回も目を閉じたり開いたりしたほうがよい。

【問4】図1の標示のある道路では、路側帯の中に入って駐車することができる。

図1

【問5】交通巡視員が信号機の信号と違う手信号をしていたが、交通巡視員の手信号に従わず、信号機の信号に従って通行した。

【問6】衝突の衝撃力は速度には関係あるが、重量には関係ない。

【問7】道路に面したガソリンスタンドに出入りするため、歩道や路側帯を横切るときは歩行者の有無に関係なく必ず徐行しなければならない。

【問8】盲導犬を連れた人が歩いているときは、一時停止か徐行をしてその人が安全に通れるようにしなければならない。

【問9】図2の標識は前方に横断歩道があることを表している。

図2
黄色

【問10】歩行者用道路では、沿道に車庫をもつ車など、とくに通行を認められた車が通行できる。

【問11】交通渋滞のときなど、前の車に乗っている人が急にドアを開けたり、歩行者が車の間から飛び出すことがあるので注意が必要である。

【問12】安全な速度とは、最高速度の範囲内であれば、交通の状況や天候などによって変わるものではない。

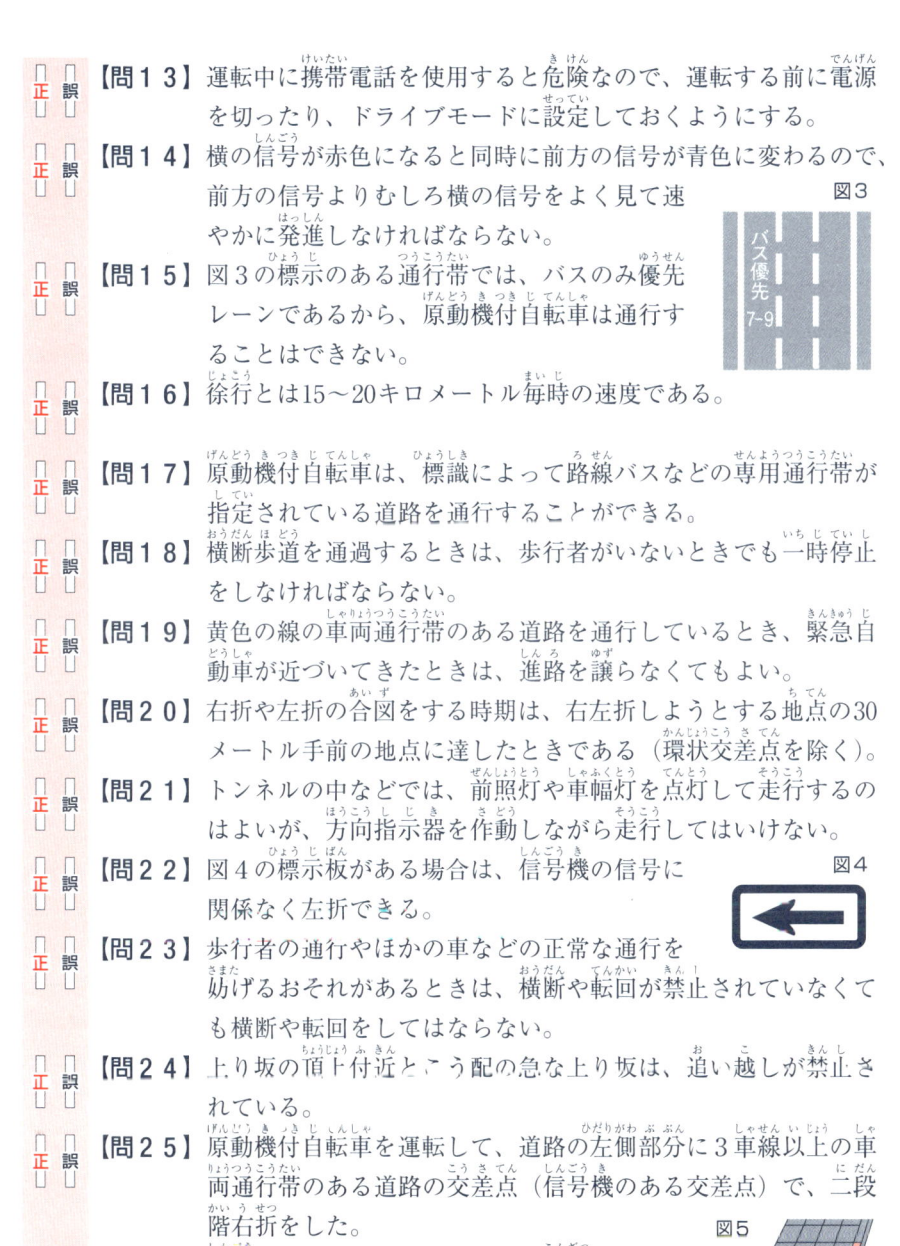

| 正 誤 | 【問13】運転中に携帯電話を使用すると危険なので、運転する前に電源を切ったり、ドライブモードに設定しておくようにする。

| 正 誤 | 【問14】横の信号が赤色になると同時に前方の信号が青色に変わるので、前方の信号よりむしろ横の信号をよく見て速やかに発進しなければならない。

図3

| 正 誤 | 【問15】図3の標示のある通行帯では、バスのみ優先レーンであるから、原動機付自転車は通行することはできない。

| 正 誤 | 【問16】徐行とは15～20キロメートル毎時の速度である。

| 正 誤 | 【問17】原動機付自転車は、標識によって路線バスなどの専用通行帯が指定されている道路を通行することができる。

| 正 誤 | 【問18】横断歩道を通過するときは、歩行者がいないときでも一時停止をしなければならない。

| 正 誤 | 【問19】黄色の線の車両通行帯のある道路を通行しているとき、緊急自動車が近づいてきたときは、進路を譲らなくてもよい。

| 正 誤 | 【問20】右折や左折の合図をする時期は、右左折しようとする地点の30メートル手前の地点に達したときである（環状交差点を除く）。

| 正 誤 | 【問21】トンネルの中などでは、前照灯や車幅灯を点灯して走行するのはよいが、方向指示器を作動しながら走行してはいけない。

図4

| 正 誤 | 【問22】図4の標示板がある場合は、信号機の信号に関係なく左折できる。

| 正 誤 | 【問23】歩行者の通行やほかの車などの正常な通行を妨げるおそれがあるときは、横断や転回が禁止されていなくても横断や転回をしてはならない。

| 正 誤 | 【問24】上り坂の頂上付近とこう配の急な上り坂は、追い越しが禁止されている。

| 正 誤 | 【問25】原動機付自転車を運転して、道路の左側部分に3車線以上の車両通行帯のある道路の交差点（信号機のある交差点）で、二段階右折をした。

図5

| 正 誤 | 【問26】信号が青色でも、前方の交通が混雑しているため交差点の中で動きがとれなくなりそうなときは、交差点に入ってはならない。

黄色

| 正 誤 | 【問27】図5の標示があるところは、駐停車が禁止されている場所である。

【問28】交通整理が行われていない道幅が同じような道路の交差点に入ろうとしたとき、右方から路面電車が接近してきたが、左方車優先だからそのまま進行した（優先道路通行中の場合を除く）。

【問29】道路工事の区域の端から5メートル以内のところは駐車も停車も禁止されている。

【問30】踏切では一時停止をし、自分の目と耳で左右の安全を確かめなければならない。

【問31】夜間、繁華街がネオンや街路灯などで明るかったので、原動機付自転車の前照灯をつけないで運転した。

【問32】図6の標示のあるところで原動機付自転車が停止するときは、二輪と標示してある停止線の手前で停止する。

図6

【問33】霧の中を走る場合は、前照灯をつけ危険防止のため必要に応じて警音器を鳴らすとよい。

【問34】原動機付自転車を運転する場合は、必ず乗車用ヘルメットをかぶらなければならない。

【問35】追い越しをしようとするときは、その場所が追い越し禁止場所でないかを確かめる。

【問36】運転者が酒を飲んでいるのを知りながら、原動機付自転車で荷物の配送を頼んでも、依頼者には罰則は適用されない。

【問37】原動機付自転車を運転中に大地震が発生したので、道路の左側に停止させ、様子を見た。

【問38】原動機付自転車を運転するときは、肩の力を抜き、ハンドルを軽く握るとともに、つま先はまっすぐ前方に向ける。

【問39】道路に車を止めて車から離れるときは、危険防止ばかりでなく、盗難防止の措置もとらなければならない。

【問40】マフラーはエンジンの爆発後の排出ガスを少なくするために取り付けてある。

【問41】昼間、トンネルの中などで50メートル先が見えないときは、前照灯をつけなければならない。

【問42】エンジンをかけた原動機付自転車を押して歩く場合は、歩行者として扱われる。

【問43】図7の標識がある交差点では、直進と左折はできるが右折はできない。

図7

□正 □誤 【問44】原動機付自転車でリヤカーをけん引する場合は、120キログラムまで積むことができる。

□正 □誤 【問45】原付ではカーブの手前の直線部分であらかじめ速度を落とし、曲がるときには右側部分にはみ出さないように注意する。

□正 □誤 【問46】交通事故を起こしたときは、負傷者の救護より先に警察や会社などに電話で報告しなければならない。

【問47】15km/hで進行しています。信号が青の交差点で右折するとき、どのようなことに注意して運転しますか？

(1) □正 □誤
(2) □正 □誤
(3) □正 □誤

(1) 対向車が停止してライトをパッシングしてくれているので、急いで交差点を右折する。
(2) 対向車線に二輪車がいるので、その二輪車が交差点を通過してから、急いで交差点を右折する。
(3) 対向車のかげにいる二輪車の動きと横断中の歩行者の動きに注意して、右折する。

【問48】30km/hで進行しています。どのようなことに注意して運転しますか？

(1) □正 □誤
(2) □正 □誤
(3) □正 □誤

(1) トラックの後ろにいる人は自分の車が通過するのを待ってくれていると思われるので、加速して急いで進行する。
(2) 道路の左側から荷物を取りに出てくる人がいるかもしれないので、いつでも止まれるような速度でトラックの側方を通過する。
(3) ホーンを鳴らしてからトラックの横を通過すれば安全である。

第7回 実力判定模擬テスト 解答＆解説

🔴……試験によく出る頻出問題　✋……引っかけ問題　★……理解しておきたい難問

問1：誤　交通規則を守るだけでなく、周りの人の立場を考えて行動する。🔴
問2：正
問3：誤　トンネルに入る前やトンネルから出るときには、速度を落とすようにする。
問4：正 ★
問5：誤　交通巡視員の手信号などが信号機の信号と違っているときは、**手信号**などに**従わなければならない**。★
問6：誤　**重量が重くなれば衝撃力は大きくなる**。
問7：誤　徐行ではなく、必ず一時停止しなければならない。🔴
問8：正
問9：誤　問題の標識は、前方に「学校、幼稚園、保育所などがある」ことを意味している。★
問10：正　　問11：正
問12：誤　規定の速度内であっても道路や交通の状況、天候などを考えて**安全な速度で走行する**。
問13：正
問14：誤　交差点には信号が一時的に全部赤色となるところもあるので、**必ず前方の信号を見るようにする**。🔴
問15：誤　原動機付自転車は、バス優先通行帯を通行できる。通行する場合、通行帯の左寄りを通行する。✋
問16：誤　車がすぐに停止できる速度で進行することを「**徐行**」といい、おおむね10キロメートル毎時ともいわれている。
問17：正 🔴
問18：誤　横断している人や横断しようとする人がいるときだけ一時停止する。✋
問19：誤　緊急自動車に進路を譲らなければならない。✋
問20：正　　問21：正　　問22：正　　問23：正
問24：誤　こう配の急な下り坂は追い越し禁止場所であるが、こう配の急な上り坂は追い越し禁止場所ではない。✋
問25：正 ★　　問26：正
問27：誤　問題の標示は駐車禁止の場所を意味している。
問28：誤　路面電車に対しては右方、左方に関係なく**路面電車に優先権**がある。✋
問29：誤　駐車は禁止されているが、停車は禁止されていない。✋

問30：正 ★
問31：誤　夜間、道路を通行するときは、前照灯などをつけなければならない。🖐
問32：正　　問33：正 ★　問34：正　　問35：正 ★
問36：誤　酒気を帯びていることを知りながら運転を依頼すれば罰則が適用されることがある。◐
問37：正　　問38：正　　問39：正
問40：誤　マフラーはエンジンの爆発音を小さくするとともに、有害な排出ガスを軽減するための装置である。
問41：正 ◐
問42：誤　エンジンをかけている場合は、歩行者として扱われない。🖐
問43：正
問44：正　リヤカーのけん引は都道府県条例により規制を受ける地域もある。
問45：正 ★
問46：誤　負傷者の救護などを行ってから、事故の発生場所、負傷者の数や、負傷の程度などを警察に届けなければならない。
問47：　(1) 誤　(2) 誤　(3) 正
● 対向車線の車がパッシングにより進路を譲ってくれたときでも、その車のわきから二輪車などが交差点内に進入してくることが考えられるので、安全を確認できる速度で進行することが必要である。
● また、右折方向の歩行者の動きにも注意が必要である。
問48：　(1) 誤　(2) 正　(3) 誤
● 停車中のトラックなどが荷物の積卸しをしている場合には、車のかげから人が出てくることがあるので、注意して進行しなければならない。
● この場合、トラックの後方で荷物を持っている人のほかにも人がいて出てくることも考えられるので、トラック後方に出る前に安全を確認しなければならない。

第8回 実力判定模擬テスト

◆制限時間：30分　◆45点以上正解で合格　◆問1〜問46：各1点、問47〜問48：各2点
（ただし、問47〜問48は3つの質問すべてを正解した場合に限り得点となる）

◆次のそれぞれの問題について、正しいものは「正」、誤っているものは「誤」のワクの中をぬりつぶしなさい。

【問 1】下り坂では加速がつくので、高速ギアを用いてエンジンブレーキを活用する。

【問 2】原動機付自転車を運転中に地震が発生したので、道路の左側に止めハンドルをロックして、キーを抜いて避難した。

【問 3】交通事故で負傷者の意識がない場合は、気道がふさがるのを防ぐようにする。

【問 4】原動機付自転車の積載装置に積むことのできる荷物の長さは、荷台の長さに0.3メートル以下を加えた長さである。

【問 5】カーブを曲がるときは、カーブの手前の直線部分で加速して、クラッチを切ってその惰力で曲がる。

【問 6】ぬかるみや砂利道などを通過するときは、速度を上げて一気に通過するとよい。

【問 7】原動機付自転車は、強制保険のほか、任意保険にも加入していなければ運転してはならない。

【問 8】原付免許では、原動機付自転車と小型特殊自動車を運転することができる。

【問 9】交通の安全は、交通規則を守っていれば十分であり、互いに相手の立場を考えると、交通の円滑を疎外するおそれがあるので、相手のことを考えることは禁物である。

【問10】警察官が信号機と違う手信号をしていたが、交通のじゃまになると思い警察官の手信号に従わなかった。

【問11】前方の信号が黄色のときは、ほかの交通に注意しながら進行することができる。

【問12】横断歩道のない交差点の手前でこどもが横断中だったが、警音器を鳴らしたら横断をやめたのでそのまま進行した。

【問13】図1の標識のある道路では、自転車や原動機付自転車は通行できない。

図1

【問14】目の不自由な人が盲導犬を連れているときは、一時停止か徐行のどちらかをして、その通行を妨げてはならない。

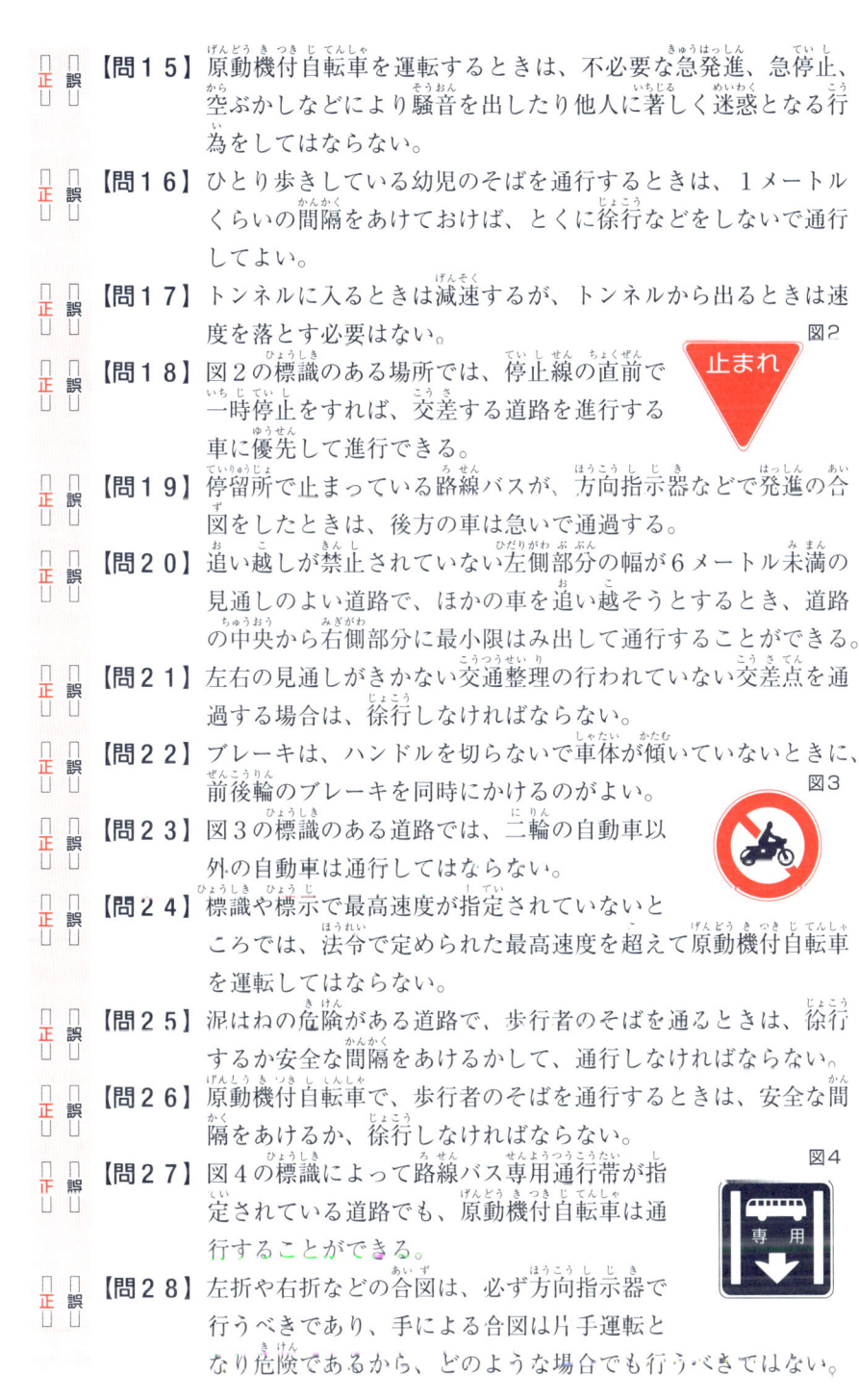

【問15】原動機付自転車を運転するときは、不必要な急発進、急停止、空ぶかしなどにより騒音を出したり他人に著しく迷惑となる行為をしてはならない。

【問16】ひとり歩きしている幼児のそばを通行するときは、1メートルくらいの間隔をあけておけば、とくに徐行などをしないで通行してよい。

【問17】トンネルに入るときは減速するが、トンネルから出るときは速度を落とす必要はない。

【問18】図2の標識のある場所では、停止線の直前で一時停止をすれば、交差する道路を進行する車に優先して進行できる。

図2

【問19】停留所で止まっている路線バスが、方向指示器などで発進の合図をしたときは、後方の車は急いで通過する。

【問20】追い越しが禁止されていない左側部分の幅が6メートル未満の見通しのよい道路で、ほかの車を追い越そうとするとき、道路の中央から右側部分に最小限はみ出して通行することができる。

【問21】左右の見通しがきかない交通整理の行われていない交差点を通過する場合は、徐行しなければならない。

【問22】ブレーキは、ハンドルを切らないで車体が傾いていないときに、前後輪のブレーキを同時にかけるのがよい。

【問23】図3の標識のある道路では、二輪の自動車以外の自動車は通行してはならない。

図3

【問24】標識や標示で最高速度が指定されていないところでは、法令で定められた最高速度を超えて原動機付自転車を運転してはならない。

【問25】泥はねの危険がある道路で、歩行者のそばを通るときは、徐行するか安全な間隔をあけるかして、通行しなければならない。

【問26】原動機付自転車で、歩行者のそばを通行するときは、安全な間隔をあけるか、徐行しなければならない。

【問27】図4の標識によって路線バス専用通行帯が指定されている道路でも、原動機付自転車は通行することができる。

図4

【問28】左折や右折などの合図は、必ず方向指示器で行うべきであり、手による合図は片手運転となり危険であるから、どのような場合でも行うべきではない。

【問29】前車がその前の原動機付自転車を追い越そうとしているとき、その自動車を追い越し始めれば二重追い越しとなる。

【問30】進路変更の合図と右左折の合図の時期は同じである。

【問31】原動機付自転車は、車道が混雑しているときは、路側帯を通行することができる。

【問32】踏切内では、速やかにギアチェンジして、高速ギアで通過するようにしたほうがよい。

【問33】図5の標識のある道路では、自動車は通行できないが、原動機付自転車は通行できる。

図5

【問34】駐車するときは、どのような道路であっても、歩行者のために車の左側を0.5メートル以上あけなければならない。

【問35】火災報知機から1メートル以内の場所は、停車はできるが駐車はできない。

【問36】一時停止の標識のある場所では、停止線の直前で一時停止するとともに交差する道路を通行する車の進行を妨げてはならない。

【問37】交差点で右折しようとして自分の車が先に交差点に入ったときは、その交差点を直進する車より先に進行することができる（環状交差点を除く）。

【問38】図6の信号が点滅しているときは、ほかの交通に注意して進むことができる。

図6
赤色の灯火の点滅

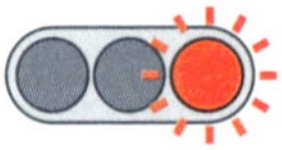

【問39】対向車と行き違うときは、安全な間隔を保たなければならない。

【問40】追い越されるときは、追い越しが終わるまで速度を上げてはならない。

【問41】発進するときは、右側の方向指示器を作動するか手で合図をし、前後の交通の安全を確かめなければならない。

【問42】原動機付自転車を運転する場合、乗車用ヘルメットをかぶらなければ、重大事故につながるばかりでなく、行政処分の点数もつけられる。

【問43】図7の標識のある場所では、午前8時から午後8時まで駐車してはならない。

図7

【問44】原動機付自転車に幼児用乗車装置を付ければ、6歳以下の幼児は同乗させることができる。

【問45】雨の日は、視界が狭くなるので前の車に続いて走るときは、車間距離を短めにとって運転するとよい。

【問46】夜間、街路灯などで明るい繁華街を走るときは、前照灯をつける必要はない。

【問47】30km/hで進行しています。どのようなことに注意して運転しますか？

(1) トラックの前方にある横断歩道を横断している歩行者がいるので、横断歩道の手前で一時停止する。
(2) トラックのドアが突然開いても安全な間隔をあけて、いつでも止まれるような速度で接近し、横断歩道の手前で一時停止する。
(3) トラックの前方にある横断歩道を歩行者が渡り始めているので、速度を上げて急いで走行する。

【問48】30km/hで進行しています。後続車が自車を追い越そうとしていますが、どのようなことに注意して運転しますか？

(1) 対向車が接近しているが、後続車は対向車が来る前に自車を大きく避けて追い越しを開始すると思われるので、そのまま進行しても安全である。
(2) 後続車が追い越しを始めようとしていると思われるが、対向車が接近してきているので、後続車の迷惑にならないように速度を上げて進行する。
(3) 後続車が追い越しを始めようとしていると思われ、後続車が追い越しを始めたときは速度を上げずに、左側に寄って進路を譲るようにする。

第8回 実力判定模擬テスト 解答＆解説

🔴……試験によく出る頻出問題　✋……引っかけ問題　⭐……理解しておきたい難問

問1：誤　下り坂では、**低速のギア**を用いてエンジンブレーキを活用する。🔴
問2：誤　車を置いて避難するときは、エンジンを止め、ハンドルをロックせずキーは付けておく。⭐
問3：正　　問4：正 ✋
問5：誤　カーブの手前の直線部分で減速し、カーブではクラッチを切らず常に車輪にエンジンの力をかけておく。⭐
問6：誤　**ぬかるみや砂利道**などでは、**低速ギア**を使って**速度を落として通行**するのがよい。⭐
問7：誤　強制保険のみでも運転できるが、万一の場合を考え、任意保険に加入したほうがよい。✋
問8：誤　**原付免許では、原動機付自転車以外は運転できない。**⭐
問9：誤　歩行者やほかの車の動きに注意し、相手の立場を思いやる気持ちをもつことが大切である。
問10：誤　手信号などと信号機の信号とが違っている場合には、警察官などの手信号に従わなければならない。⭐
問11：誤　安全に停止できない場合を除き**停止位置を越えて進んではならない。**⭐
問12：誤　横断歩道のない交差点などを歩行者が横断しているときは、その通行を妨げてはならない。🔴
問13：誤　問題の標識は、「特定小型原動機付自転車・自転車通行止め」を意味している。
問14：正　　問15：正
問16：誤　こどもがひとりで歩いている場合は、**一時停止や徐行**をして、安全に通れるようにする。✋
問17：誤　トンネルの出入りなどで明るさが急に変わると、視力が一時急激に低下するので、出るとき速度を落とすようにする。⭐
問18：誤　**停止線の直前で一時停止する**とともに交差する道路を通行している車の進行を妨げてはならない。
問19：誤　**路線バスが発進の合図**をしたときは、**発進を妨げない**ように速度を落としたり、後方で一時停止したりするようにする。🔴
問20：正　　問21：正 🔴　　問22：正 ⭐
問23：誤　問題の標識は、「二輪の自動車及び一般原動機付自転車通行止め」を表している。✋

問24：正 ★　　問25：正 ★　　問26：正　　問27：正
問28：誤　方向指示器が見えにくい場合には、**手による合図を併用**する。✋
問29：誤　前の車が自動車（原動機付自転車は自動車ではない）を追い越そうとしているときの追い越しは禁止されている。✋
問30：誤　進路変更の合図は進路変更の3秒前、右左折の合図は右左折する地点の30メートル手前である。★
問31：誤　原則として**路側帯は歩行者の通行するところ**である。★
問32：誤　踏切内では、エンストを防止するため、発進したときの低速ギアのまま一気に通過する。★
問33：誤　問題の標識は、歩行者以外の通行を禁止することを表している。🔴
問34：誤　歩道や路側帯のない道路では、道路の左端に沿って駐車しなければならない。✋
問35：正　　問36：正
問37：誤　**右折車は直進車や左折車の進行を妨げてはならない。**★
問38：誤　車は、停止位置で一時停止し安全を確認しなければならない。★
問39：正　　問40：正　　問41：正　　問42：正　　問43：正
問44：誤　原動機付自転車は幼児であっても、同乗させることはできない。★
問45：誤　**雨の日は、速度を落とし、十分に車間距離をとって慎重に運転する。**✋
問46：誤　夜間は、必ずライトをつけなければならない。
問47：　　(1) 正　(2) 正　(3) 誤
●横断歩道の直前に駐車している車がある場合、その車の死角部分に横断している人とは別の人がいるかもしれない。駐車車両の側方を通って前方に出るときに一時停止し、安全を確認してから進むようにする。

問48：　　(1) 誤　(2) 誤　(3) 正
●後続車に必要以上に接近されると威圧感から無理をしてでも速度を上げなければならないと考えがちだが、安全の限界を超えた速度で走行すれば自分だけでなく、ほかの交通にも危険を及ぼしかねない。無理せず、速度を落として左に寄り、後続車に追い越させるのが安全への第一歩。
●この場合、後続車に追い越しの意思が見えるが、安全を考えると、対向車が接近しており危険なので、対向車が行き過ぎてから進路を譲るようにする。しかし、後続車が追い越しを始めたときは速度を上げず、場合によっては速度を落として追い越させる必要がある。

第9回 実力判定模擬テスト

◆制限時間：30分　◆45点以上正解で合格　◆問1〜問46：各1点、問47〜問48：各2点
（ただし、問47〜問48は3つの質問すべてを正解した場合に限り得点となる）

◆次のそれぞれの問題について、正しいものは「正」、誤っているものは「誤」のワクの中をぬりつぶしなさい。

【問 1】警察官や交通巡視員が信号機の信号と違う手信号をしている場合は、警察官や交通巡視員の手信号に従わなければならない。

【問 2】片側2車線の道路の交差点で原動機付自転車が右折するとき、標識による右折方法の指定がなければ小回りの右折方法をとる。

【問 3】図1の標示のあるところでは、原動機付自転車は徐行しなければならない。

【問 4】エンジンを止めた原動機付自転車を押して歩く場合でも、歩行者用信号でなく、車両用の信号に従って通行する。

【問 5】原動機付自転車であっても、SマークやJISマークのヘルメットをかぶれば高速道路を通行することができる。

【問 6】図2の標示のある道路では、転回してはならない。

【問 7】道路を通行するときは、交通規則を守るほか道路や交通の状況に応じて細かい注意をする必要がある。

【問 8】乗降のため止まっている通学通園バスのそばを通るときは、1.5メートル以上の間隔をあければ、徐行しないで通過できる。

【問 9】道路に面した場所に出入りするために歩道や路側帯を横切る場合、歩行者が通行していないときは一時停止をする必要はなく、徐行すればよい。

【問10】図3の標識のある道路は、「二輪の自動車以外の自動車通行止め」を表している。

【問11】カーブの半径が小さくなるほど遠心力は小さくなる。

【問12】普通車の仮免許では原動機付自転車を運転することはできない。

【問13】車が停止するまでには、空走距離と制動距離とを合わせた距離が必要となる。

【問14】図4の標識は優先道路であることを表している。

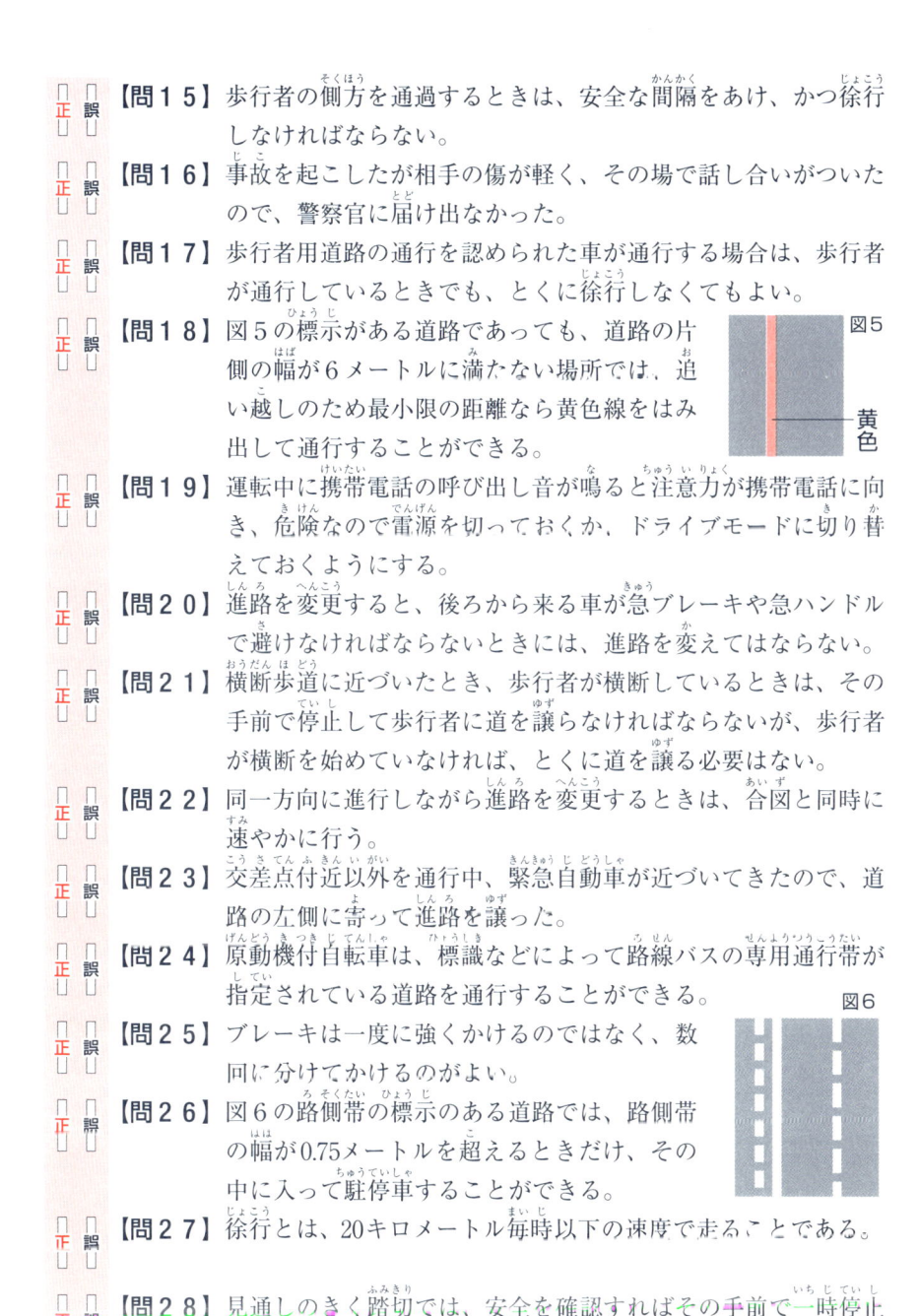

【問15】歩行者の側方を通過するときは、安全な間隔をあけ、かつ徐行しなければならない。

【問16】事故を起こしたが相手の傷が軽く、その場で話し合いがついたので、警察官に届け出なかった。

【問17】歩行者用道路の通行を認められた車が通行する場合は、歩行者が通行しているときでも、とくに徐行しなくてもよい。

【問18】図5の標示がある道路であっても、道路の片側の幅が6メートルに満たない場所では、追い越しのため最小限の距離なら黄色線をはみ出して通行することができる。

図5
黄色

【問19】運転中に携帯電話の呼び出し音が鳴ると注意力が携帯電話に向き、危険なので電源を切っておくか、ドライブモードに切り替えておくようにする。

【問20】進路を変更すると、後ろから来る車が急ブレーキや急ハンドルで避けなければならないときには、進路を変えてはならない。

【問21】横断歩道に近づいたとき、歩行者が横断しているときは、その手前で停止して歩行者に道を譲らなければならないが、歩行者が横断を始めていなければ、とくに道を譲る必要はない。

【問22】同一方向に進行しながら進路を変更するときは、合図と同時に速やかに行う。

【問23】交差点付近以外を通行中、緊急自動車が近づいてきたので、道路の左側に寄って進路を譲った。

【問24】原動機付自転車は、標識などによって路線バスの専用通行帯が指定されている道路を通行することができる。

【問25】ブレーキは一度に強くかけるのではなく、数回に分けてかけるのがよい。

【問26】図6の路側帯の標示のある道路では、路側帯の幅が0.75メートルを超えるときだけ、その中に入って駐停車することができる。

図6

【問27】徐行とは、20キロメートル毎時以下の速度で走ることである。

【問28】見通しのきく踏切では、安全を確認すればその手前で一時停止する必要はない。

【問29】車から離れるときでも、短時間であればエンジンを止めなくてよい。

【問30】進路を変えるときは、後方から来る車などの安全を確かめてから進路を変える。

【問31】駐車場の出入口はもちろん、出入口から3メートル以内の場所も駐車禁止である。

【問32】交差する道路が優先道路であるときや、その道幅が明らかに広いときは、徐行して交差する道路の通行を妨げないようにしなければならない（環状交差点通行中の場合を除く）。

【問33】右折や左折をするときは、かならず徐行しなければならない。

【問34】追い越しをしようとするときは、前方の安全を確かめればよく、後方の安全を確かめる必要はない。

【問35】マフラーを改造していない原動機付自転車なら、著しく他人の迷惑になるような空ぶかしは禁止されていない。

【問36】原動機付自転車を運転するときは、できるだけ身体を露出するような身軽な服装がよい。

【問37】夜間、交通整理をしている警察官が頭上に灯火を上げているとき、身体の正面に平行する交通は、青色の信号と同じ意味である。

【問38】原動機付自転車を運転するときは、乗車用ヘルメットをかぶらなければならない。

【問39】霧の中を通行する場合は、早めに前照灯をつけ危険防止のため必要に応じて警音器を鳴らすとよい。

【問40】二輪車のブレーキレバーを握ったところ2センチメートルぐらいの遊びがあったので、そのまま運転した。

【問41】速度は、決められた範囲内で、道路や交通の状況、天候や視界などに応じ、安全な速度を選ぶべきである。

【問42】夜間は、視界が狭くなるので、視線はできるだけ近くのものを見るようにする。

【問43】大地震が起き、車を置いて避難するときは、エンジンを止め、エンジンキーを確実に抜いておく。

【問44】疲れ、心配ごと、病気などのときは、注意力が散漫となり判断力が衰えたりするため、運転を控える。

【問45】原動機付自転車に積載することのできる荷物の重量限度は、30キログラム以下である。

【問46】原動機付自転車は、交通が渋滞しているときでも、車の間をぬって走ることができるので便利である。

【問47】20km/hで進行しています。どのようなことに注意して運転しますか？

(1) 正 誤
(2) 正 誤
(3) 正 誤

(1) 前方に駐車車両がいるため自転車が右側に出てくると思われるので、速度を落として進行する。
(2) 前方を走っている自転車が右側に飛び出してこないように、ホーンを鳴らし、注意してから、急いで駐車車両の横を通過する。
(3) 駐車車両の横を通過するときに突然ドアが開くことがあるので、速度を落とし、注意して進行する。

【問48】30km/hで進行しています。どのようなことに注意して運転しますか？

(1) 正 誤
(2) 正 誤
(3) 正 誤

(1) 駐車車両のドアが突然開くことがあるので、ホーンを鳴らして急いで駐車車両の横を通過する。
(2) 駐車車両の前から人が横断することもあるので、状況をよく見て、注意して進行する。
(3) 駐車車両がいきなり発進するかもしれないので、十分に間隔をあけて駐車車両の動きに注意して進行する。

第9回 実力判定模擬テスト 解答&解説

●……試験によく出る頻出問題　✋……引っかけ問題　★……理解しておきたい難問

問1：正 ★　　問2：正 ●
問3：誤　問題の標示は、「立入り禁止部分」なので入ることはできない。
問4：誤　二輪車のエンジンを切り、押している場合は歩行者として扱われるので、歩行者用信号に従う。●
問5：誤　原動機付自転車は高速道路を通行することはできない。
問6：正　　　　問7：正
問8：誤　通学通園バスのそばを通るときは徐行しなければならない。✋
問9：誤　歩道や路側帯を横切る場合には、その直前で一時停止しなければならない。✋
問10：誤　問題の標識の意味は「二輪の自動車・一般原動機付自転車通行止め」である。●
問11：誤　遠心力の大きさは、カーブの半径が小さいほど大きくなる。★
問12：正　　　問13：正
問14：誤　問題の標識は安全地帯を意味している。
問15：誤　安全な間隔がとれないときは徐行し、安全な間隔がとれれば徐行の必要はない。✋
問16：誤　事故のときは事故の発生場所、負傷の程度などを警察官に報告しなければならない。★
問17：誤　とくに通行を認められた車が歩行者用道路を通行する場合は、歩行者に注意して徐行しなければならない。
問18：誤　追い越しのための右側部分はみ出し通行が禁止されているときは、道路の右側部分にはみ出しての追い越しはできない。✋
問19：正　　　問20：正
問21：誤　歩行者が横断しているときや横断しようとしているときは、横断歩道の手前で一時停止をして歩行者に道を譲らなければならない。★
問22：誤　同一方向に進行しながら進路を変更するときは、合図をしてから約3秒後に行動する。●
問23：正 ●　　問24：正　　問25：正
問26：誤　問題の路側帯は「駐停車禁止の路側帯」を意味している。★
問27：誤　徐行とは、車がすぐに停止できるような速度で進むことをいう。●
問28：誤　踏切の手前では、必ず一時停止をしなければならない。★
問29：誤　短時間でも車から離れるときはエンジンを止めなければならない。★

問30：正　　問31：正 ★　問32：正　　問33：正
問34：誤　追い越しをするときは**前方および後方の安全を確認**しなければならない。★
問35：誤　マフラーの改造の有無にかかわらず、著しく他人の迷惑になる騒音を出してはならない。
問36：誤　二輪車に乗るときの**服装は、身体の露出部分が少ないものを着用する。**★
問37：誤　灯火を頭上に上げているとき、身体の正面と平行する交通は黄色の信号と同じ意味である。★
問38：正　　問39：正 ★　問40：正　　問41：正
問42：誤　夜間は、視線をできるだけ先のほうへ向け、前方の障害物を少しでも早く発見するようにする。★
問43：誤　大地震で避難するときは、車のキーをつけたままにして、だれでも移動できるようにする。★
問44：正　問45：正 ★
問46：誤　**二輪車を運転して、車の間をぬって走ったり、ジグザグ運転をしてはならない。**
問47：　(1) 正　　(2) 誤　　(3) 正
●車を運転するときには、まわりの歩行者や車の動きに注意し、危険に対する備えが必要である。
●この場合、①自転車が右側へ出てくる、②駐車車両の前方から人などが出てくる、③駐車車両のドアが開くなどの危険が考えられるので、速度を落とし、自転車を先に行かせることが安全への第一歩といえる。
問48：　(1) 誤　　(2) 正　　(3) 正
●車を運転するときには、危険を危険と感じないで漫然と運転するのではなく、危険に対しての十分な備えが必要である。
●この場合、①駐車車両の前方から人などが出てくる、②駐車車両のドアが開く、③駐車車両が発進するなどの危険が考えられるので、速度を落とし、安全な間隔をあけることが必要といえる。

第10回 実力判定模擬テスト

◆制限時間：30分　◆45点以上正解で合格　◆問1〜問46：各1点、問47〜問48：各2点
（ただし、問47〜問48は3つの質問すべてを正解した場合に限り得点となる）

◆次のそれぞれの問題について、正しいものは「正」、誤っているものは「誤」のワクの中をぬりつぶしなさい。

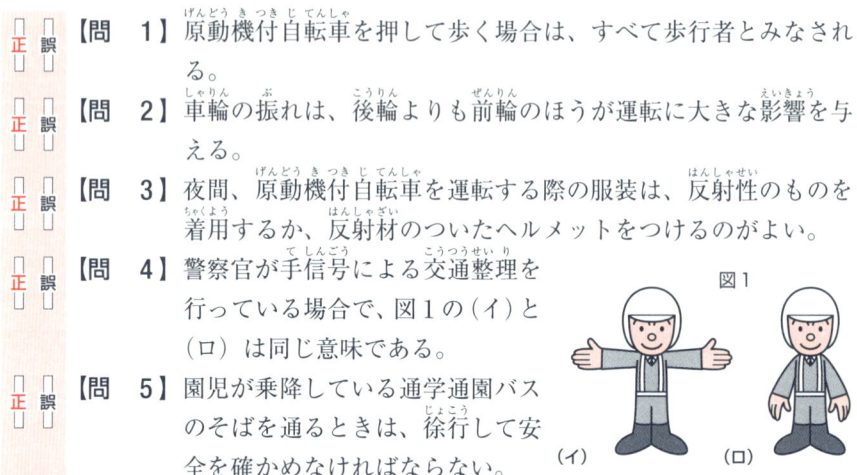

【問　1】原動機付自転車を押して歩く場合は、すべて歩行者とみなされる。

【問　2】車輪の振れは、後輪よりも前輪のほうが運転に大きな影響を与える。

【問　3】夜間、原動機付自転車を運転する際の服装は、反射性のものを着用するか、反射材のついたヘルメットをつけるのがよい。

【問　4】警察官が手信号による交通整理を行っている場合で、図1の（イ）と（ロ）は同じ意味である。

【問　5】園児が乗降している通学通園バスのそばを通るときは、徐行して安全を確かめなければならない。

【問　6】車を運転するときは、道路を渡れないで困っている歩行者などを見かけたら、規則にとらわれず相手の立場になり道を譲る。

【問　7】道路を通行するときは、交通規則を守るほか道路や交通の状況に応じて細かい注意をする必要がある。

【問　8】運転中は、前方の一点を注視するようにし、バックミラーは左折か右折するときのほかは見る必要はない。

【問　9】運転免許試験に合格すれば、免許証を交付される前に原動機付自転車を運転しても無免許運転ではない。

【問10】原動機付自転車の法定最高速度は、20キロメートル毎時である。

【問11】自動車は前方の信号が青色のときは、直進、左折、右折することができる。

【問12】図2の標識のあるところでは、原動機付自転車などの車は進入することはできない。

【問13】止まっている車のそばを通るときは、急にドアが開いたり、車のかげから人が飛び出したりすることがあるので、安全な間隔をとり通行する。

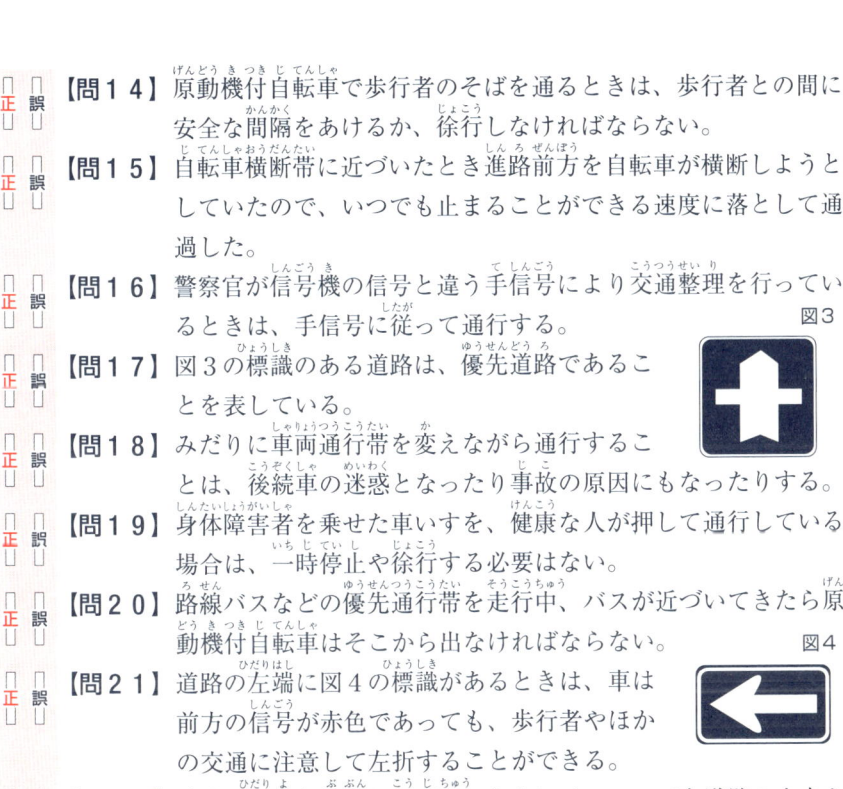

【問14】原動機付自転車で歩行者のそばを通るときは、歩行者との間に安全な間隔をあけるか、徐行しなければならない。

【問15】自転車横断帯に近づいたとき進路前方を自転車が横断しようとしていたので、いつでも止まることができる速度に落として通過した。

【問16】警察官が信号機の信号と違う手信号により交通整理を行っているときは、手信号に従って通行する。

【問17】図3の標識のある道路は、優先道路であることを表している。

図3

【問18】みだりに車両通行帯を変えながら通行することは、後続車の迷惑となったり事故の原因にもなったりする。

【問19】身体障害者を乗せた車いすを、健康な人が押して通行している場合は、一時停止や徐行する必要はない。

【問20】路線バスなどの優先通行帯を走行中、バスが近づいてきたら原動機付自転車はそこから出なければならない。

図4

【問21】道路の左端に図4の標識があるときは、車は前方の信号が赤色であっても、歩行者やほかの交通に注意して左折することができる。

【問22】道路の左寄り部分が工事中のときには、いつでも道路の中央から右側にはみ出して走行してもよい。

【問23】ブレーキは強くかければかけるほど短い距離で車を止めることができるので、できるだけ強く踏むようにする。

【問24】路面が雨にぬれているときの停止距離は、乾いた路面の場合より約2倍程度長くなることがある。

【問25】原動機付自転車はいつでも自動車と同じ方法で右折することができる。

【問26】道路の曲がり角付近では追い越しが禁止されている。

【問27】前の車が進路を変えるための合図をしているとき、急ブレーキや急ハンドルで避けなければならないとき以外は、その進路を妨げてはならない。

【問28】前方の交通が混雑しているため、交差点の中で動きがとれなくなりそうな場合でも、信号が青色のときは、信号に従って交差点に進入しなければならない。

【問29】図5の標識が示されていたので、そのスピードで原動機付自転車を運転した。

【問30】追い越しが終わったら、すぐ追い越した車の前に入るのがよい。

【問31】進路変更が終わった約3秒後に合図をやめた。

【問32】転回の合図の出し方は右折と同じである（環状交差点での転回を除く）。

【問33】図6の標識は、矢印の方向以外への車の進行禁止を表している。

【問34】踏切の向こう側が混雑しており、そのまま進むと踏切内で動きがとれなくなるおそれがあるときは、踏切に入ってはならない。

【問35】車から離れるときは、盗難防止のためエンジンキーを抜きとり、ハンドルに施錠装置があれば施錠しておくのがよい。

【問36】ヘルメットは頭部を損傷から守るためのものだから、工事用ヘルメットでもよい。

【問37】原動機付自転車に乗車装置があれば、もう1人同乗させることができる。

【問38】雨の日は視界が悪くなるので、速度を落として車間距離を十分とって運転する。

【問39】対向車と行き違うときは、前照灯を減光するか、下向きに切り替えなければならない。

【問40】標識により二段階右折が指定されている交差点で、図7の信号が表示されているときは、原動機付自転車は小回り右折することができない。

【問41】踏切とその端から前後10メートル以内の場所は、短時間であっても停車することはできない。

【問42】道路の曲がり角から5メートル以内の場所は駐停車禁止の場所である。

【問43】大地震が発生したときは、機動力のある原動機付自転車に乗って避難する。

【問44】交通事故で頭部を打ち、相手の体に衝撃を与えたが、外傷も見当たらず特に異常がなかったので、医師の診断を受けなかった。

【問45】カーブを走行中ハンドルを右に切ると、バイクは左に倒れようとする。

【問４６】荷物を積む場合は、方向指示器やナンバープレートなどが隠れないようにしなければならない。

【問４７】30km/hで進行しています。どのようなことに注意して運転しますか？

(1) 大型トラックの後ろの車がトラックを追い越すために中央線を越えてくるかもしれないので、対向車の動きに注意して通行する。
(2) 大型トラックの後ろの車がトラックを追い越すために中央線をはみ出してくるかもしれないので、はみ出してこないように中央線に寄って進行する。
(3) 対向車線の動きに注意するとともに、ブレーキをかけるときはブレーキを数回に分けてかけ、後続車の注意を促す。

【問４８】30km/hで進行しています。どのようなことに注意して運転しますか？

(1) 歩道上にいる人が手を上げているので、前を走るタクシーが急停車することを考えて、速度を落とす。
(2) 前を走るタクシーは歩道にいる人を乗車させるため左側に寄って停止すると思われるので、そのままの速度でセンターライン寄りを通過する。
(3) 前のタクシーの動きに注意し、ブレーキをかけるときは、ブレーキを数回に分けてかけ、後続車の注意を促す。

第10回 実力判定模擬テスト 解答＆解説

🔴……試験によく出る頻出問題　✋……引っかけ問題　⭐……理解しておきたい難問

問1：誤　歩行者とみなされるのはエンジンを切って押して歩く場合のみである。
問2：正　　問3：正　　問4：正
問5：正　　問6：正　　問7：正
問8：誤　運転中は、一点だけを注視したり、ぼんやり見たりしているだけでなく、たえず前方を注視するとともに、バックミラーで後方の交通の状況に目を配るようにすべきである。🔴
問9：誤　免許証の交付前に運転すれば無免許運転になる。
問10：誤　原動機付自転車の法定最高速度は30キロメートル毎時である。
問11：正　　問12：正　　問13：正　　問14：正⭐
問15：誤　自転車横断帯の手前で一時停止をして道を譲らなければならない。✋
問16：正⭐　　問17：正　　問18：正
問19：誤　健康な人が車いすを押して通行している場合でも、一時停止か徐行をして、安全に通れるようにしなければならない。✋
問20：誤　原動機付自転車、軽車両、小型特殊自動車は、この場合左側に寄って進路を譲ればよい。
問21：誤　問題の標識は、「一方通行」を意味している。
問22：誤　工事中でもできるだけ左側部分を通行し、右側部分へのはみ出しは最低限度にする。✋
問23：誤　ブレーキを強くかけると急ブレーキとなるためタイヤがロックし、スリップするので停止距離は長くなることがある。
問24：正
問25：誤　原動機付自転車で交差点を右折するときに、二段階右折の標識のある場合や車両通行帯が3つ以上ある場合で信号機のあるところでは、二段階右折をしなければならない。⭐
問26：正　　問27：正
問28：誤　信号が青色のときでも、交差点内で止まってしまい交差方向の通行を妨げるおそれがあるときは交差点に入ってはならない。
問29：誤　標識で最高速度50キロメートル毎時を表示していても、原動機付自転車の法定最高速度である30キロメートル毎時を超えて運転することはできない。⭐
問30：誤　追い越した車との間に安全な間隔をとってから前方に入る。⭐

問31：誤　進路変更が終わったときには、速やかに合図をやめなければならない。★

問32：正　　　問33：正　　　問34：正　　　問35：正

問36：誤　二輪車を運転する場合は、PS (c) マークかJISマークのついた**乗車用ヘルメットをかぶらなければならない**。

問37：誤　原動機付自転車の**乗車定員は1人**である。

問38：正　　　問39：正　　　問40：正　　　問41：正　　　問42：正

問43：誤　大地震で避難するときは、自動車や原動機付自転車を使用してはいけない。★

問44：誤　外傷がなくとも頭部に強い衝撃を受けたときは、必ず医師の診断を受ける。

問45：正　　問46：正

問47：　(1) 正　　(2) 誤　　(3) 正

●トラックが荷物を積んでいるため、法定速度よりもかなり遅い速度で走行していることがある。このようなとき、後続車はいらいらして、次々に追い越しをすることがある。

●この場合、トラックで前方が確認しにくいため、その後続車が中央車線を越えて前方を確認したり、無理に追い越しをしたりする場合があるので、対向車の動きに注意して通行するようにする。

問48：　(1) 正　　(2) 誤　　(3) 正

●タクシーは客を見つけると、いきなり左側に寄って急停止することがある。客の乗っていないタクシーの後ろにつくときには、このことを頭に入れておかなければならない。

●この場合、タクシーは客を乗せるため停止するものと考えて、速度を落とすことが大切。また、歩道寄りに障害物があると左側に寄らずに停止することもあるので、タクシーの動きを見て停止するか、タクシーの右側を通過するかを、判断しなければならない。

第11回 実力判定模擬テスト

◆制限時間：30分　◆45点以上正解で合格　◆問1〜問46：各1点、問47〜問48：各2点
（ただし、問47〜問48は3つの質問すべてを正解した場合に限り得点となる）

◆次のそれぞれの問題について、正しいものは「正」、誤っているものは「誤」のワクの中をぬりつぶしなさい。

【問1】ぬかるみや砂利道では、アクセルで速度を一定に保ち、通りやすいところを選びながら走行するのがよい。

【問2】携帯電話を手に持って運転すると危険なので、どうしても使用する必要がある場合は、安全な場所に車を止めて使用する。

【問3】交通規則を守っていたとしても、自分本位に無理な運転をすると、みんなに迷惑をかけるばかりでなく自分自身も危険である。

【問4】原付免許を受けていれば原動機付自転車のほかに小型特殊自動車も運転することができる。

【問5】警察官や交通巡視員が、交差点以外の道路で手信号をしているときの停止位置は、その警察官や交通巡視員の10メートル手前である。

【問6】黄色の灯火の点滅をしている交差点では、必ず一時停止して安全を確かめてから進まなければならない。

【問7】図1の標識のある道路では、原動機付自転車は通行できない。

図1

【問8】安全地帯のない停留所に路面電車が停止しているときに乗降客がいない場合、路面電車との間隔を1.5メートルあければ徐行して通行できる。

【問9】原動機付自転車は、歩行者との間に安全な間隔があけられない場合は、徐行して進行しなければならない。

【問10】交差点付近の横断歩道のない道路を歩行者が横断していたが、車のほうに優先権があるので、横断を中止させて通過した。

【問11】図2の標識のある場所では午前8時から午後8時まで駐車してはならない。

図2

【問12】身体の不自由な人が、車いすで通行しているときは、その通行を妨げないように一時停止するか、または徐行しなければならない。

【問13】こどもがひとりで歩いている場合には、一時停止か徐行をして安全に通れるようにしなければならない。

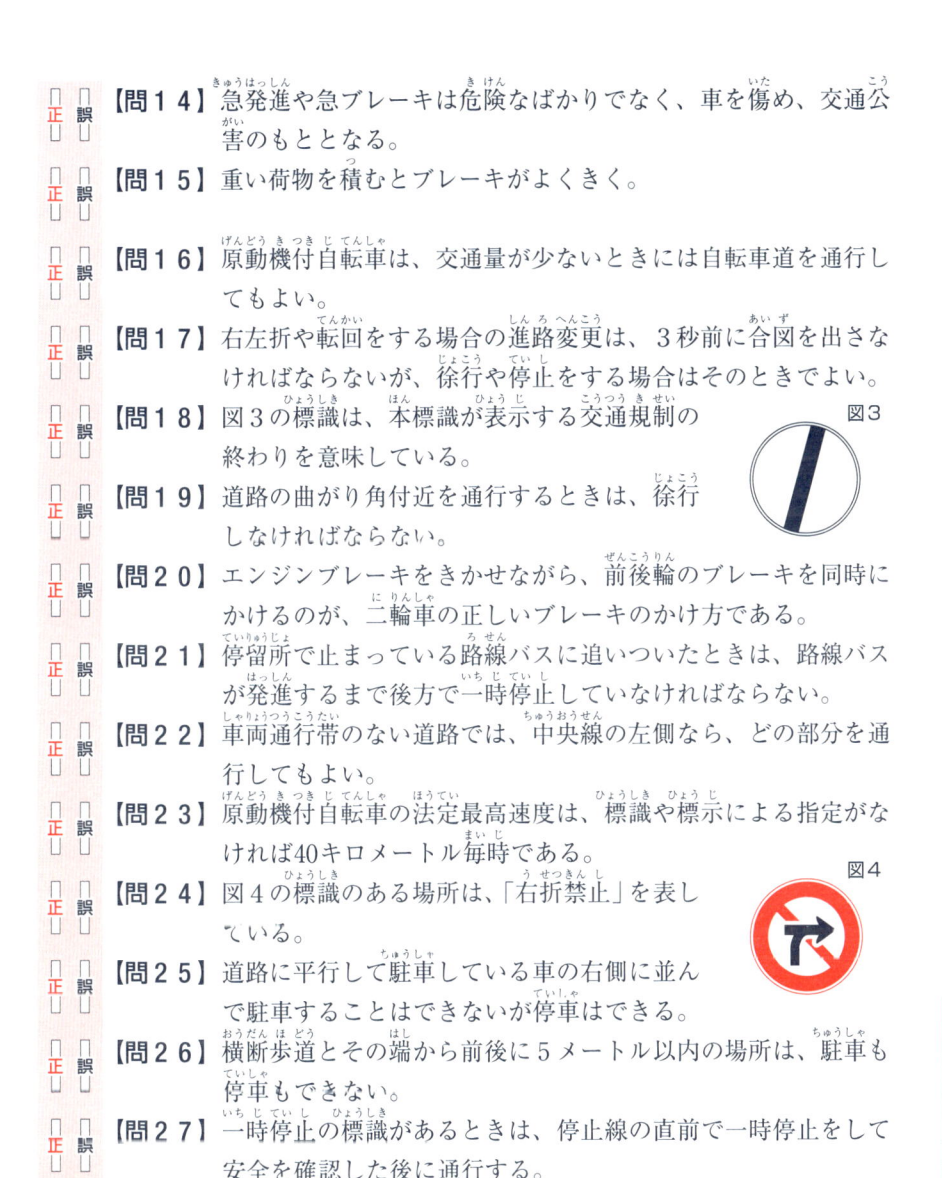

| 正 | 誤 | 【問14】急発進や急ブレーキは危険なばかりでなく、車を傷め、交通公害のもととなる。
| 正 | 誤 | 【問15】重い荷物を積むとブレーキがよくきく。
| 正 | 誤 | 【問16】原動機付自転車は、交通量が少ないときには自転車道を通行してもよい。
| 正 | 誤 | 【問17】右左折や転回をする場合の進路変更は、3秒前に合図を出さなければならないが、徐行や停止をする場合はそのときでよい。
| 正 | 誤 | 【問18】図3の標識は、本標識が表示する交通規制の終わりを意味している。　図3
| 正 | 誤 | 【問19】道路の曲がり角付近を通行するときは、徐行しなければならない。
| 正 | 誤 | 【問20】エンジンブレーキをきかせながら、前後輪のブレーキを同時にかけるのが、二輪車の正しいブレーキのかけ方である。
| 正 | 誤 | 【問21】停留所で止まっている路線バスに追いついたときは、路線バスが発進するまで後方で一時停止していなければならない。
| 正 | 誤 | 【問22】車両通行帯のない道路では、中央線の左側なら、どの部分を通行してもよい。
| 正 | 誤 | 【問23】原動機付自転車の法定最高速度は、標識や標示による指定がなければ40キロメートル毎時である。
| 正 | 誤 | 【問24】図4の標識のある場所は、「右折禁止」を表している。　図4
| 正 | 誤 | 【問25】道路に平行して駐車している車の右側に並んで駐車することはできないが停車はできる。
| 正 | 誤 | 【問26】横断歩道とその端から前後に5メートル以内の場所は、駐車も停車もできない。
| 正 | 誤 | 【問27】一時停止の標識があるときは、停止線の直前で一時停止をして安全を確認した後に通行する。
| 正 | 誤 | 【問28】交差点へ先に入っても、右折車は、直進車、左折車、路面電車の進行を妨げてはならない（環状交差点を除く）。
| 正 | 誤 | 【問29】進路の前方に障害物があるときは、あらかじめ一時停止か減速をして反対方向からの車に道を譲らなければならない。
| 正 | 誤 | 【問30】中央に軌道敷のある道路で路面電車を追い越すときは、路面電車の左側を通行しなければならない。

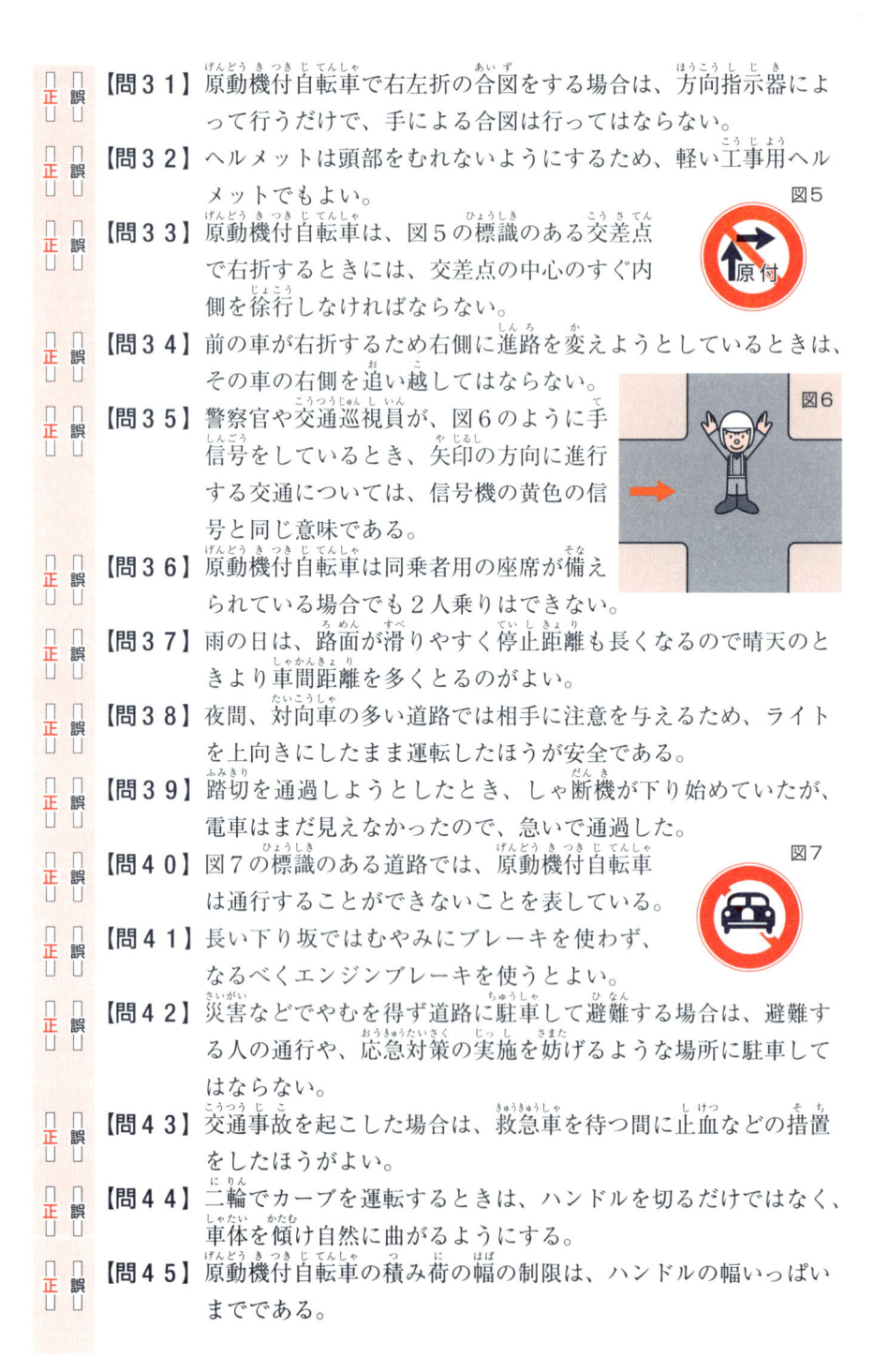

【問31】原動機付自転車で右左折の合図をする場合は、方向指示器によって行うだけで、手による合図は行ってはならない。

【問32】ヘルメットは頭部をむれないようにするため、軽い工事用ヘルメットでもよい。

【問33】原動機付自転車は、図5の標識のある交差点で右折するときには、交差点の中心のすぐ内側を徐行しなければならない。

【問34】前の車が右折するため右側に進路を変えようとしているときは、その車の右側を追い越してはならない。

【問35】警察官や交通巡視員が、図6のように手信号をしているとき、矢印の方向に進行する交通については、信号機の黄色の信号と同じ意味である。

【問36】原動機付自転車は同乗者用の座席が備えられている場合でも2人乗りはできない。

【問37】雨の日は、路面が滑りやすく停止距離も長くなるので晴天のときより車間距離を多くとるのがよい。

【問38】夜間、対向車の多い道路では相手に注意を与えるため、ライトを上向きにしたまま運転したほうが安全である。

【問39】踏切を通過しようとしたとき、しゃ断機が下り始めていたが、電車はまだ見えなかったので、急いで通過した。

【問40】図7の標識のある道路では、原動機付自転車は通行することができないことを表している。

【問41】長い下り坂ではむやみにブレーキを使わず、なるべくエンジンブレーキを使うとよい。

【問42】災害などでやむを得ず道路に駐車して避難する場合は、避難する人の通行や、応急対策の実施を妨げるような場所に駐車してはならない。

【問43】交通事故を起こした場合は、救急車を待つ間に止血などの措置をしたほうがよい。

【問44】二輪でカーブを運転するときは、ハンドルを切るだけではなく、車体を傾け自然に曲がるようにする。

【問45】原動機付自転車の積み荷の幅の制限は、ハンドルの幅いっぱいまでである。

正 誤　【問４６】発進の合図さえすれば、前後左右の安全を確認する必要はない。

【問４７】夜間、30km/hで進行しています。どのようなことに注意して運転しますか？

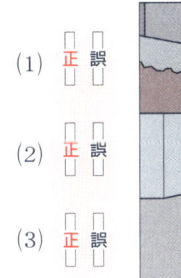

(1) 正 誤
(2) 正 誤
(3) 正 誤

(1) 横断歩道を横断し始めている歩行者がいるので、横断歩道の手前で停止できるように速度を落とす。
(2) 横断している歩行者がいるので、歩行者がセンターラインを越えてから、自車が横断歩道を通過できるように速度を調節する。
(3) 横断している歩行者がいるので、横断歩道の手前で停止して、歩行者以外に横断する人などがいないかを確認してから発進する。

【問４８】30km/hで進行しています。どのようなことに注意して運転しますか？

(1) 正 誤
(2) 正 誤
(3) 正 誤

(1) 路面の状態や障害物に注意しながら、速度を十分に落としてからカーブに入る。
(2) カーブの途中で障害物を発見したときは、傾いている（バンク）状態でも急ブレーキをかける。
(3) カーブの途中で中央線をはみ出さないように、車線の左側に寄って速度を落として進行する。

第11回 実力判定模擬テスト 解答＆解説

●……試験によく出る頻出問題　🖐……引っかけ問題　★……理解しておきたい難問

問1：正　　　問2：正●　　問3：正★
問4：誤　原付免許で運転できる車は、原動機付自転車だけである。★
問5：誤　交差点以外で、横断歩道、自転車横断帯も踏切もないところで警察官や交通巡視員が手信号や灯火による信号をしているときの**停止位置**は、**その警察官や交通巡視員の1メートル手前**である。★
問6：誤　歩行者や車などは、ほかの交通に注意して進むことができる。一時停止はしなくてよい。
問7：正　　　問8：正★　　問9：正
問10：誤　横断歩道のない交差点などを**歩行者が横断**しているときは、その**通行を妨げてはならない**。★
問11：正●　　問12：正　　　問13：正★　　問14：正
問15：誤　重い荷物を積むと制動距離が長くなり、ブレーキをかける強さが同じ場合、ききは悪くなる。🖐
問16：誤　自転車道は交通量が少なくても、原動機付自転車は通行できない。
問17：正　　　問18：正　　　問19：正★　　問20：正
問21：誤　路線バスが発進の合図をしたとき以外は安全を確認して通過する。★
問22：誤　追い越しなどやむを得ない場合のほかは、道路の左側に寄って進行しなければならない。
問23：誤　原動機付自転車の法定最高速度は30キロメートル毎時である。★
問24：誤　問題の標識は車両横断禁止なので、この標識のある道路では横断してはならない（右横断はできないが、左横断は可）。
問25：誤　道路に平行して**駐停車している車と並んで駐停車**してはならない。
問26：正★　　問27：正　　　問28：正　　問29：正★　　問30：正
問31：誤　車体の小さい車は、必要に応じて手による合図も併用したほうがよい。
問32：誤　PS（c）マークかJISマークのついた乗車用ヘルメットをかぶらなければならない。
問33：正★　　問34：正　　　問35：正　　問36：正★　　問37：正
問38：誤　交通量の多い**市街地の道路**などでは、**常に前照灯を下向き**に切り替えて運転する。
問39：誤　警報器が鳴っているとき、しゃ断機が下りているときや下り始めているときは踏切に入ってはいけない。★

178

問40：誤　問題の標識は、二輪の自動車以外の自動車（四輪の自動車など）通行止めを意味する。

問41：正 ● 　問42：正　　問43：正　　問44：正 ★

問45：誤　二輪車の積み荷の幅の制限は、積載装置の幅＋左右15センチ以下である。★

問46：誤　方向指示器などで発進合図をし、バックミラーなどで前後左右の安全を確かめる。

問47：　(1) 正　(2) 誤　(3) 正
● 横断歩道を横断している歩行者がいるときには、運転者は横断歩道の手前で停止し、歩行者の横断を妨げないようにしなければならない。また、ライトの照らす範囲外に横断しようとする歩行者などがいるかもしれないので、発進するときは安全を確認する必要がある。

問48：　(1) 正　(2) 誤　(3) 正
● 見通しの悪いカーブでは、見えないところに駐車車両や道路工事などの障害物があったり、対向車が中央線をはみ出してくる場合もあったりするので、速度を落とした慎重な運転が必要である。また、スピードを出し過ぎると対向車線に飛び出してしまうことがあるので、速度を落としてからカーブに進入するようにする。カーブで車体が傾いている場合のブレーキングは、バランスを崩す原因になる。

第12回 実力判定模擬テスト

◆制限時間：30分　◆45点以上正解で合格　◆問1〜問46：各1点、問47〜問48：各2点
（ただし、問47〜問48は3つの質問すべてを正解した場合に限り得点となる）

◆次のそれぞれの問題について、正しいものは「正」、誤っているものは「誤」のワクの中をぬりつぶしなさい。

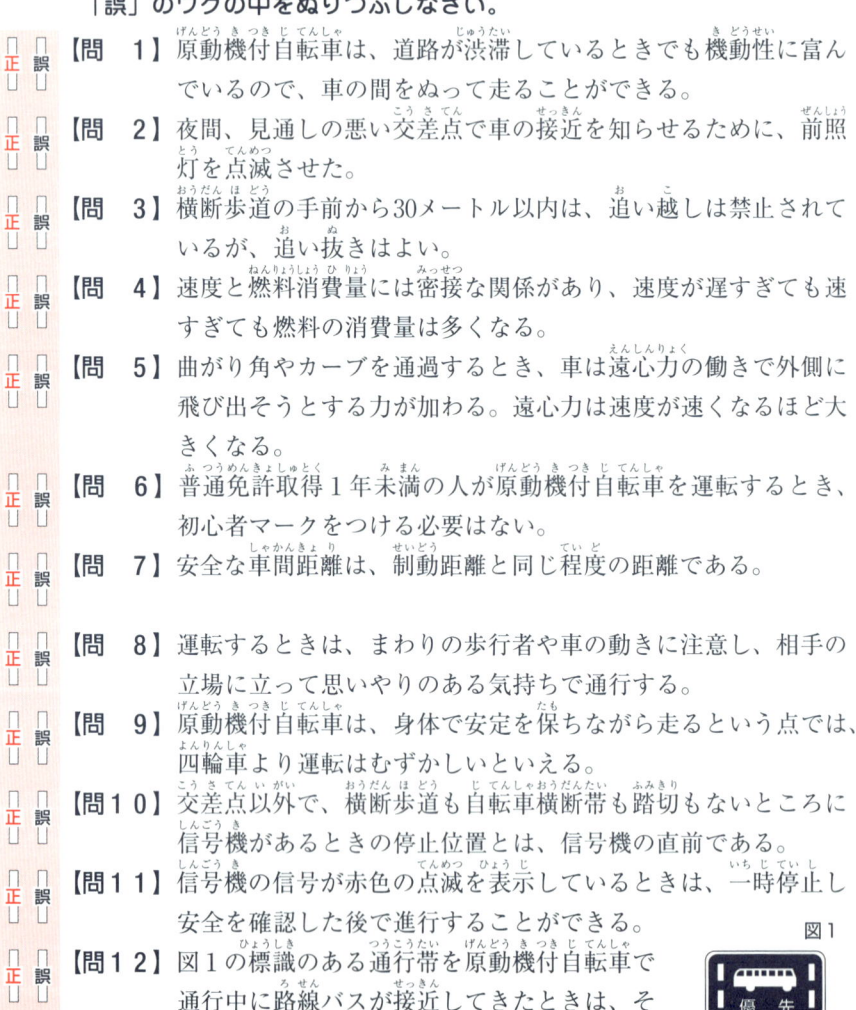

【問 1】原動機付自転車は、道路が渋滞しているときでも機動性に富んでいるので、車の間をぬって走ることができる。

【問 2】夜間、見通しの悪い交差点で車の接近を知らせるために、前照灯を点滅させた。

【問 3】横断歩道の手前から30メートル以内は、追い越しは禁止されているが、追い抜きはよい。

【問 4】速度と燃料消費量には密接な関係があり、速度が遅すぎても速すぎても燃料の消費量は多くなる。

【問 5】曲がり角やカーブを通過するとき、車は遠心力の働きで外側に飛び出そうとする力が加わる。遠心力は速度が速くなるほど大きくなる。

【問 6】普通免許取得1年未満の人が原動機付自転車を運転するとき、初心者マークをつける必要はない。

【問 7】安全な車間距離は、制動距離と同じ程度の距離である。

【問 8】運転するときは、まわりの歩行者や車の動きに注意し、相手の立場に立って思いやりのある気持ちで通行する。

【問 9】原動機付自転車は、身体で安定を保ちながら走るという点では、四輪車より運転はむずかしいといえる。

【問10】交差点以外で、横断歩道も自転車横断帯も踏切もないところに信号機があるときの停止位置とは、信号機の直前である。

【問11】信号機の信号が赤色の点滅を表示しているときは、一時停止し安全を確認した後で進行することができる。

【問12】図1の標識のある通行帯を原動機付自転車で通行中に路線バスが接近してきたときは、その通行帯から出なければならない。

図1

【問13】安全地帯のない停留所で路面電車が止まっていて、乗降客がいないとき、路面電車との間に1メートル以上の間隔があれば徐行して進むことができる。

【問14】眠気をもよおす風邪薬を飲んだときは、運転を控えるようにする。

【問15】原動機付自転車が歩行者や自転車のわきを走行するときは、歩行者や自転車との間に安全な間隔を必ずあけて通行しなければならない。

【問16】横断歩道に近づいたときは、横断する人がいないことが明らかな場合のほかは、その手前で停止できるように速度を落として進まなければならない。

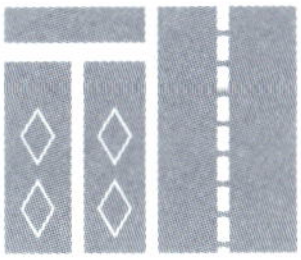

【問17】道路に図2の標示があるときは、前方に横断歩道・自転車横断帯があることを表す。

図2

【問18】乗降のため停止している通学通園バスのそばを通るときは、安全を確かめられれば徐行する必要はない。

【問19】同一方向に進行しながら進路を変更するときの合図は、進路を変えようとするときの3秒前である。

【問20】進路変更をしようとするときは、まず合図をしてから安全を確認する。

【問21】交差点付近で緊急自動車が近づいてきたが、道路の左端を通行していたので、そのまま進行した。

【問22】図3の標識のあるところでは、原動機付自転車は通行できる。

図3

【問23】原動機付自転車は、路線バス専用通行帯を通行することができるが、その場合は、バスの通行を妨げないようにしなければならない。

【問24】道路の曲がり角付近を通行するときは、徐行しなければならない。

【問25】急ブレーキをかけると、横滑りを起こすおそれがあるので、ブレーキは数回に分けてかけるようにするとよい。

【問26】しゃ断機が上がった直後の踏切では、車が連続して通行している場合に限って一時停止をしなくてもよい。

【問27】車から離れるときは、原動機付自転車が倒れないようにスタンドを立て、必ずハンドルをロックしてキーを抜くようにする。

【問28】交通整理の行われていない交差点の手前で、停止している車に接近したので、その前方に出る前に一時停止した。

【問29】消火栓や防火水そうなどの消防施設のあるところから5メートル以内では原動機付自転車は駐車してはならない。

【問30】図4の標識のある道路では、前方に「道路工事中」のところがあることを表している。

図4 —黄色

【問31】道幅が同じような交通整理が行われていない交差点（環状交差点や優先道路通行中の場合を除く）では、左方からの車の進行を妨げてはならない。

【問32】信号機などにより交通整理が行われている片側3車線の道路の交差点で、標識により原動機付自転車の右折方法が指定されていないときには原動機付自転車は自動車と同じ右折方法をとる。

【問33】原動機付自転車に乗る人は、大型自動車の死角や内輪差を知っていたほうがよい。

【問34】危険を避けるためやむを得ないときは、警音器を鳴らしてもよい。

【問35】酒を飲むことを知っていながら、その人にバイクを貸した場合でも貸した人に罰則が適用されることはない。

【問36】図5の標識のある場所では、停止線の直前で一時停止するとともに、交差する道路を通行する車の通行を妨げてはならない。

図5 止まれ

【問37】原動機付自転車に同乗する人も、努めてヘルメットをかぶらなければならない。

【問38】雪道や凍結した道路では、低速で速度を一定に保って進行する。

【問39】下り坂では、速度が速くなりやすく停止距離が長くなるので、車間距離を長めにとったほうがよい。

【問40】図6の標識がある道路は、自動車の通行は禁止されるが、原動機付自転車は通行できる。

図6

【問41】原動機付自転車は高速道路は走れないが、自動車専用道路は通行できる。

【問42】原動機付自転車を運転中に大地震が発生したときは、急ハンドルや急ブレーキを避け、できるだけ安全な方法により道路の左側に停止する。

【問43】交通事故を起こしたときは、直ちに運転を中止し、事故の続発を防ぐとともに、負傷者の救護を行う。

【問44】信号待ちのため一時停止をする場合には図7の標示がある部分に入り停止することができる。

図7

【問45】原動機付自転車に積むことのできる積載物の重量は、60キログラムまでである。

【問46】原動機付自転車のエンジンを止めて、横断歩道を押して歩く場合は、歩行者用信号に従う。

【問47】夜間、30km/hで進行しています。どのようなことに注意して運転しますか？

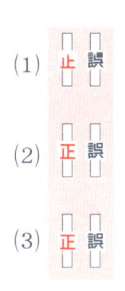

(1) 左から来ている車は交差点の手前で一時停止するとは限らないので、すぐに止まれるように速度を落として進行する。
(2) 対向車もないので、横道から出てくる人や車に接近を知らせるためライトを上下に数回切り替え、速度を落として進行する。
(3) 対向車がいないので、道路の中央に寄ってそのまま進行する。

【問48】30km/hで進行しています。交差点に近づくと、対向の右折待ちの先頭車があなたの前を横切り始めました。どのようなことに注意して運転しますか？

(1) 右折し始めた先頭の車が通過した後に通過できるように速度を調節する。
(2) 先頭の車に続いて後続の車も右折してくると考えて、すぐに止まれる準備をして進行する。
(3) 直進車が優先なので、ライトをパッシングして加速して進行する。

第12回 実力判定模擬テスト 解答&解説

🔴……試験によく出る頻出問題　✋……引っかけ問題　★……理解しておきたい難問

問 1：誤　車の間をぬって走ったり、ジグザグ運転は極めて危険である。
問 2：正
問 3：誤　横断歩道の手前から30メートル以内は、ほかの車の追い越しや追い抜きは禁止されている。🔴
問 4：正　　問 5：正 ✋　問 6：正
問 7：誤　**安全な車間距離は、停止距離と同じ程度の距離である。**✋
問 8：正　　問 9：正　　問10：正 ★　問11：正
問12：誤　問題の標識は「路線バス等優先通行帯」を意味しているので、この通行帯を通行している原動機付自転車は左端に寄って路線バス等に進路を譲る。★
問13：誤　路面電車との間に1.5メートル以上の間隔をあけなければ、徐行して通ることはできない。✋
問14：正
問15：誤　安全な間隔をあけることができないときは徐行する。✋
問16：正 ★　問17：正
問18：誤　**乗降のため止まっている通学通園バスのそばを通る**ときは、**徐行して**安全を確かめなければならない。🔴
問19：正
問20：誤　**進路変更、転回**などをしようとするときは、あらかじめ**安全を確かめてから合図を出す。**✋
問21：誤　交差点付近で緊急自動車が近づいてきたときは、交差点を避けて、道路の左側に寄って一時停止をしなければならない。🔴
問22：誤　問題の標識のある道路では、自動車（自動二輪車も含む）と原動機付自転車は通行できない。
問23：正　　問24：正　　問25：正
問26：誤　前の車に続いて通過するときでも一時停止をし、安全を確かめなければならない。🔴
問27：正　　問28：正 ★　問29：正　　問30：正　　問31：正
問32：誤　交通整理が行われている片側3車線以上の道路では、原動機付自転車は二段階右折する。★
問33：正　　問34：正 ★
問35：誤　飲酒運転をするおそれがある人に車を貸した場合は、貸した人も罰則

が適用されることがある。

問36：正 ★
問37：誤　原動機付自転車は2人乗り禁止なので、ヘルメットをかぶるかぶらないにかかわらず2人乗りはできない。
問38：正　　問39：正
問40：誤　問題の標識は「自転車及び歩行者専用」を意味しているので、自転車と歩行者のみがこの道路を通行できる。
問41：誤　原動機付自転車は高速自動車国道や自動車専用道路を走ることはできない。✋
問42：正　　問43：正
問44：誤　問題の標示は「停止禁止部分」を意味しているので、この中で停止することはできない。✋
問45：誤　原動機付自転車に積むことのできる**積載物の重量**は、30キログラムまでである。★
問46：正
問47：　(1) 正　(2) 正　(3) 誤
●夜は昼間に比べて、歩行者やほかの車が見えにくくなるが、反面、車のヘッドライトによる光の情報を得ることができる。見通しの悪い交差点では光の情報などを見落とさないようにすることが大切。
●この場合、左から交差点に入ろうとしている車に自車の接近を知らせるためライトを上下に数回切り替えて、万一に備えて速度を落として進行する。
問48：　(1) 誤　(2) 正　(3) 誤
●交差点で右折待ちをしている車が数台並んでいるときは、先頭の車が右折を始めるとその車につられて2台目以降の車が右折してくることがある。あらかじめそのことを予測して、交差点に近づく必要がある。

第13回 実力判定模擬テスト

◆制限時間：30分　◆45点以上正解で合格　◆問1〜問46：各1点、問47〜問48：各2点
（ただし、問47〜問48は3つの質問すべてを正解した場合に限り得点となる）

◆次のそれぞれの問題について、正しいものは「正」、誤っているものは「誤」のワクの中をぬりつぶしなさい。

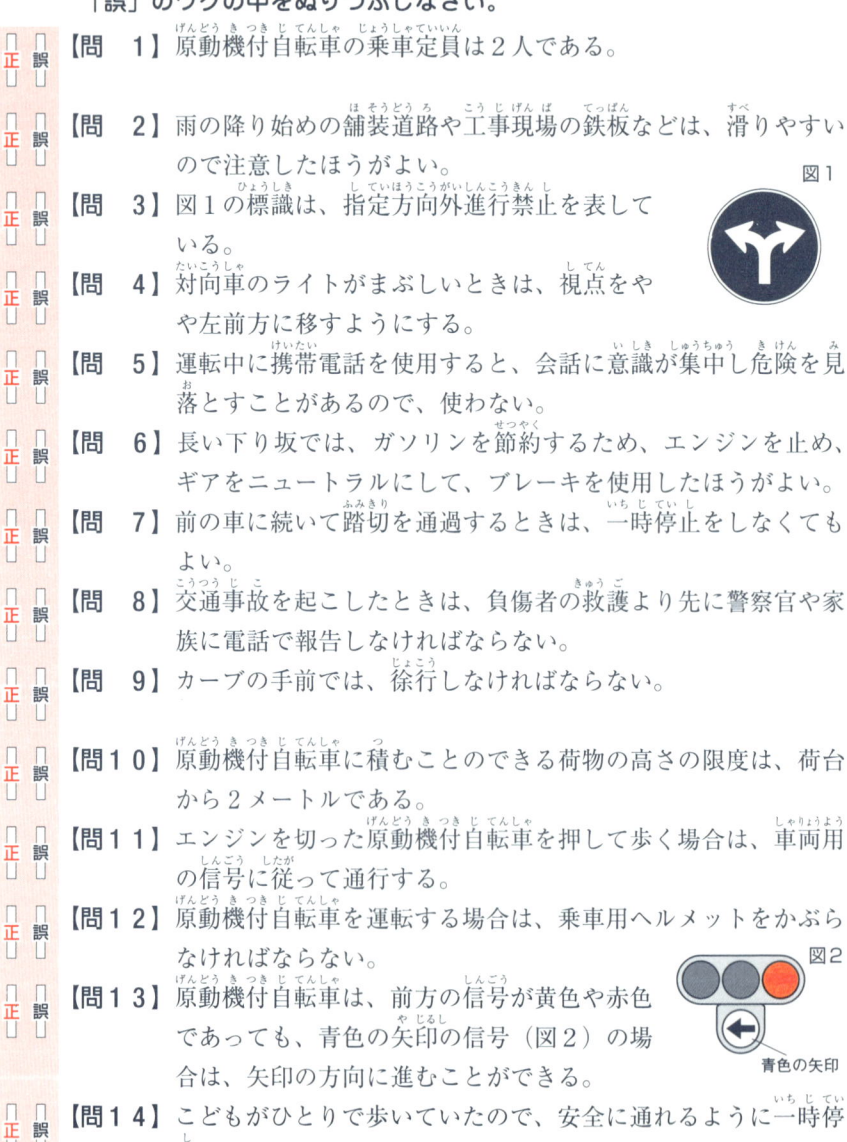

【問 1】 原動機付自転車の乗車定員は2人である。

【問 2】 雨の降り始めの舗装道路や工事現場の鉄板などは、滑りやすいので注意したほうがよい。

図1

【問 3】 図1の標識は、指定方向外進行禁止を表している。

【問 4】 対向車のライトがまぶしいときは、視点をやや左前方に移すようにする。

【問 5】 運転中に携帯電話を使用すると、会話に意識が集中し危険を見落とすことがあるので、使わない。

【問 6】 長い下り坂では、ガソリンを節約するため、エンジンを止め、ギアをニュートラルにして、ブレーキを使用したほうがよい。

【問 7】 前の車に続いて踏切を通過するときは、一時停止をしなくてもよい。

【問 8】 交通事故を起こしたときは、負傷者の救護より先に警察官や家族に電話で報告しなければならない。

【問 9】 カーブの手前では、徐行しなければならない。

【問10】 原動機付自転車に積むことのできる荷物の高さの限度は、荷台から2メートルである。

【問11】 エンジンを切った原動機付自転車を押して歩く場合は、車両用の信号に従って通行する。

【問12】 原動機付自転車を運転する場合は、乗車用ヘルメットをかぶらなければならない。

図2　青色の矢印

【問13】 原動機付自転車は、前方の信号が黄色や赤色であっても、青色の矢印の信号（図2）の場合は、矢印の方向に進むことができる。

【問14】 こどもがひとりで歩いていたので、安全に通れるように一時停止をした。

正	誤	【問15】不必要な急発進や急ブレーキ、空ぶかしは危険なばかりでなく、交通公害のもととなる。
正	誤	【問16】運転中は、一点を注視しないで、前方のみを見渡す目配りをしたほうがよい。
正	誤	【問17】原動機付自転車は、強制保険はもちろん、任意保険にも加入していなければ運転してはならない。
正	誤	【問18】原付免許で運転できる車は、原動機付自転車だけである。
正	誤	【問19】信号機のあるところでは前方の信号に従うべきであって、横の信号が赤色になったからといって発進してはならない。
正	誤	【問20】警察官の手信号で、両腕を横に水平に上げた状態に対面した車は、停止位置を越えて進行することはできない。
正	誤	【問21】停止位置に近づいたときに、信号が青色から黄色に変わったが、後続車があり急停車すると追突される危険を感じたので、停止せずに交差点を通り過ぎた。
正	誤	【問22】エンジンブレーキは、高速ギアになるほどききがよくなる。
正	誤	【問23】雨にぬれたアスファルト路面では、車の制動距離は短くなるので、強くブレーキをかけるとよい。
正	誤	【問24】図3の標識のある交差点では、直進してその交差点を通過することができる。
正	誤	【問25】原動機付自転車の法定最高速度は30キロメートル毎時である。
正	誤	【問26】ぬかるみや水たまりを通過するときは、徐行するなどして歩行者などに泥水がかからないようにしなければならない。
正	誤	【問27】原動機付自転車で歩行者の側方を通過するときは、歩行者との間に安全な間隔をあけるか、徐行しなければならない。
正	誤	【問28】交差点付近の横断歩道のない道を歩行者が横断していたので、警音器を鳴らして横断を中止させて通過した。
正	誤	【問29】白や黄色のつえを持った人が横断していたので、警音器を鳴らして注意を与え、立ち止まるのを確かめてから通過した。
正	誤	【問30】図4の標識のある交通整理が行われている交差点を原動機付自転車で右折しようとするときは、十分手前から徐々に中央寄りの車線に移るようにするとよい。

【問31】ほかの車に追い越されるときに、相手に追い越しをするための十分な余地がないときは、できるだけ左に寄り進路を譲らなければならない。

【問32】後ろの車が、自分の車を追い越そうとしているとき、追い越しを始めてはならない。

図5

【問33】図5の標識のある道路は、自動車や原動機付自転車は通行することができない。

【問34】トンネルの中では、対向車に注意を与えるため、右側の方向指示器を作動させたまま走行したほうがよい。

【問35】同一方向に進行しながら進路を右に変える場合、後続車がいなければ合図をする必要はない。

【問36】道路が混雑していたので路側帯を通行した。

【問37】路線バスなどの優先通行帯は、路線バスのほか軽車両だけが通行できる。

【問38】一方通行の道路では、道路の中央から右側部分にはみ出して通行することができない。

【問39】夜間、原動機付自転車はほかの運転者から見えにくいので、なるべく目につきやすい服装にするとよい。

【問40】坂の頂上付近は、駐車も停車も禁止されている。

図6 黄色

【問41】図6の標識のあるところを通行するときには、こどもが飛び出してくることがあるので、注意して運転する。

【問42】一時停止の標識のあるところでは、停止線の直前で一時停止をし、交差する道路を通行する車の進行を妨げてはならない。

【問43】バスの停留所の標示板（柱）から10メートル以内の場所では、停車はできるが、駐車はできない。

【問44】広い道路で右折をしようとするときは、左側車線から中央寄りの車線に一気に移動しなければならない。

図7

【問45】図7の標示は、転回禁止の規制の終わりを示している。

黄色

【問46】前の車が交差点や踏切の手前で徐行しているときは、その前を横切ってはならないが、停止しているときは、その前を横切ってもよい。

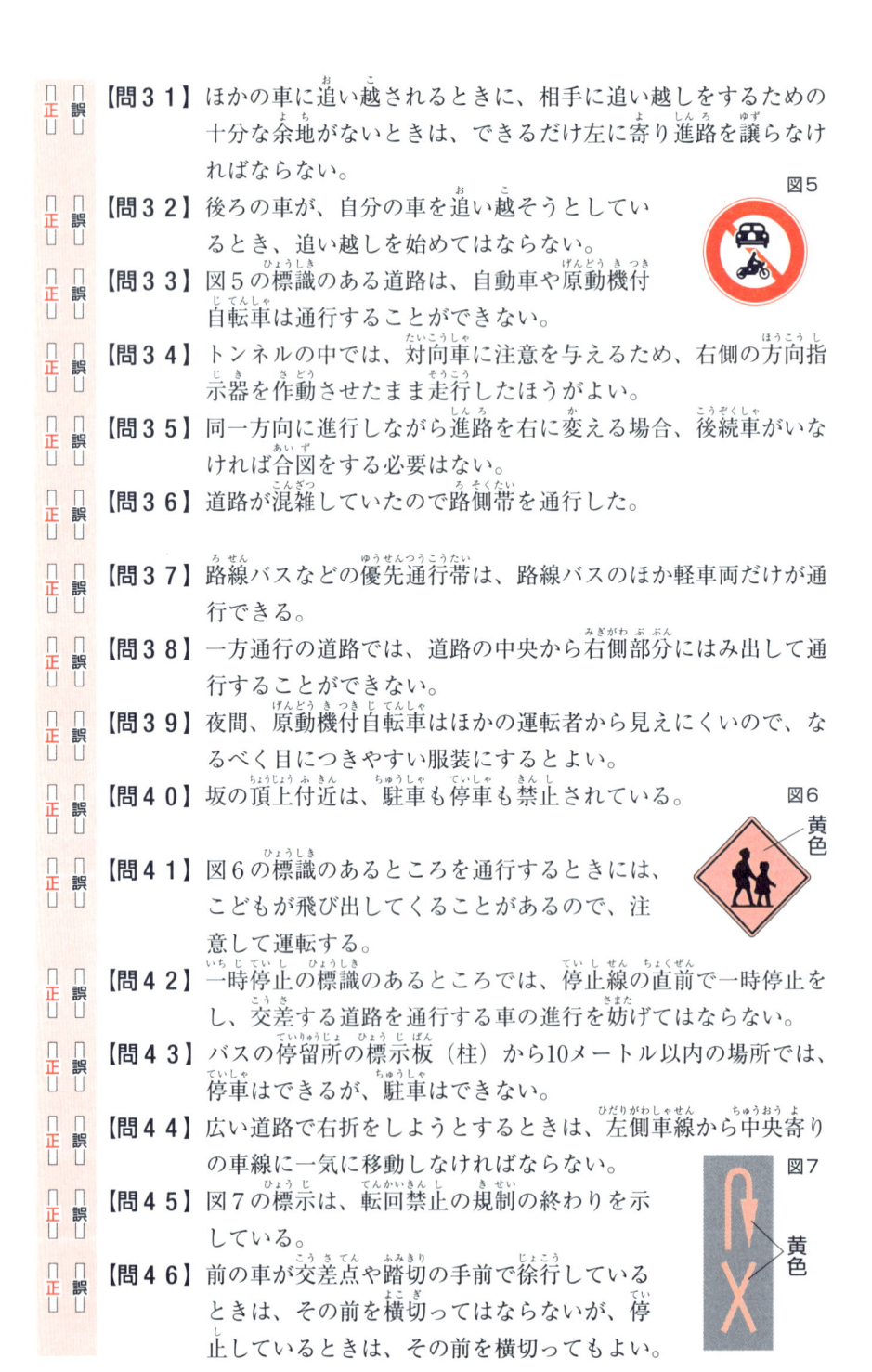

【問47】10km/hで進行しています。どのようなことに注意して運転しますか？

(1) 正 誤
(2) 正 誤
(3) 正 誤

(1) 渋滞している車が動き出す前に、早く通り過ぎるように速度を上げて進行する。
(2) 渋滞している車の間から歩行者が飛び出してくることがあるので、注意して進行する。
(3) 道路左側のコンビニエンスストアに入ろうとして、後方を確認しないで左折する車があるかもしれないので、すぐにブレーキをかけられる準備をしておく。

【問48】20km/hで進行しています。どのようなことに注意して運転しますか？

(1) 正 誤
(2) 正 誤
(3) 正 誤

(1) トラックが左折を始めると巻き込まれるおそれがあるので、トラックが左折し終わるまで、この位置で止まって待つ。
(2) トラックが左折の途中、横断歩道の手前で停止することもあるので、すぐに止まれるように速度を落とし注意して進行する。
(3) トラックが左折する前に交差点を通過したほうが安全なので、加速して一気に追い抜く。

第13回 実力判定模擬テスト 解答＆解説

🔴……試験によく出る頻出問題　✋……引っかけ問題　★……理解しておきたい難問

問1：誤　原動機付自転車の乗車定員は1人である。
問2：正 ✋　　問3：正　　問4：正 ★　　問5：正
問6：誤　長い下り坂で、ブレーキをひんぱんに使うと、急にブレーキがきかなくなることがある。
問7：誤　踏切を前の車に続いて通過するときでも、一時停止をし、安全を確かめなければならない。★
問8：誤　交通事故が起きた場合は、事故の続発を防ぐため安全な場所に車を移すとともに負傷者の救護を行う。
問9：誤　カーブの手前の直線部分であらかじめ十分に速度を落とし安全な速度で回るようにする。徐行の規定はない。✋
問10：誤　積み荷の高さの限度は、地上から2メートルである。✋
問11：誤　エンジンを切り、二輪車を押して歩くときは、歩行者として扱われるので、歩行者用信号に従って通行する。✋
問12：正　　問13：正　　問14：正　　問15：正
問16：誤　前方に注意するとともに、バックミラーなどによって周囲の交通にも目を配る。★
問17：誤　強制保険のみでも運転できるが、万一の場合を考え、任意保険に加入した方がよい。✋
問18：正　　問19：正 🔴　　問20：正　　問21：正 ★
問22：誤　エンジンブレーキは、低速ギアのほうがよくきく。
問23：誤　雨にぬれた道路を走る場合には制動距離は長くなるとともにスリップしやすいので、急ブレーキは禁止である。
問24：正　　問25：正　　問26：正　　問27：正 ★
問28：誤　横断歩道のない交差点などを歩行者が横断しているときは、その通行を妨げてはならない。★
問29：誤　白や黄色のつえを持った人が歩いている場合は、一時停止か徐行をして、安全に通れるようにしなければならない。🔴
問30：誤　車両通行帯が3車線の交通整理が行われている交差点における原動機付自転車の右折は、原則として二段階右折である。★
問31：正 🔴　　問32：正　　問33：正 🔴
問34：誤　右折や進路変更などをしないのに合図をしてはならない。✋
問35：誤　後続車がいなくても合図をしなければならない。★

問36：誤　歩道や路側帯や自転車道などを通行することはできない。✋
問37：誤　路線バスなどの優先通行帯は、自動車や原動機付自転車も通行できる。
問38：誤　**一方通行の道路では右側を通行することができる。**
問39：正　　問40：正 🅾　　問41：正　　問42：正
問43：誤　バスの停留所の標示板（柱）から10メートル以内の場所では、停車も駐車もしてはならない。✋
問44：誤　幅の広い道路で右折するときは、徐々に中央寄りの車線に移るようにする。
問45：誤　問題の標示は転回禁止なので、この道路では、転回することはできない。✋
問46：誤　前の車が交差点や踏切などで停止や徐行をしているときは、その前に割り込んだり、横切ったりしてはならない。⛔
問47：　(1)誤　(2)正　(3)正
　●渋滞中は車の間から歩行者が飛び出してくることがあるので注意が必要。また、道路わきに店舗などがある場合は、急に左折する車があることを予測して運転する。
問48：　(1)正　(2)正　(3)誤
　●車にはバックミラーやサイドミラーでは確認できない死角がある。とくに大型車にはその死角部分が多く、その死角部分に入ってしまうと、原付の存在が運転者から確認できなくなる。死角に入った状態で、交差点に近づくのは避けよう。
　●この場合、トラックの左折を待って、進行するようにする。

第14回 実力判定模擬テスト

◆制限時間：30分　◆45点以上正解で合格　◆問１～問46：各１点、問47～問48：各２点
（ただし、問47～問48は３つの質問すべてを正解した場合に限り得点となる）

◆次のそれぞれの問題について、正しいものは「正」、誤っているものは「誤」のワクの中をぬりつぶしなさい。

正 誤 **【問　1】** 前の車に続いて踏切を通過するときは、安全を確認すれば一時停止する必要はない。

正 誤 **【問　2】** 車は路側帯の幅のいかんにかかわらず、路側帯の中に入って駐車してはならない。

正 誤 **【問　3】** 横断歩道、自転車横断帯とその端から前後に５メートル以内の場所は、駐車や停車をすることはできない。

正 誤 **【問　4】** 上り坂で停止するとき、前の車に接近しすぎないように止めるとよい。

正 誤 **【問　5】** 道幅が同じような交差点では、左方から来る車があるときは、その車の進行を妨げてはならない（環状交差点や優先道路通行中の場合を除く）。

図１

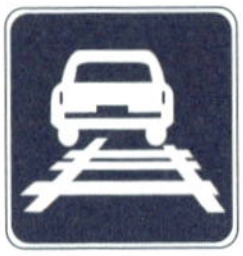

正 誤 **【問　6】** 図１の標識があるところでは、原動機付自転車は軌道敷内を通行できる。

正 誤 **【問　7】** 原動機付自転車が一方通行の道路から右折するときは、道路の左端に寄り、交差点の内側を徐行して通行しなければならない（環状交差点を除く）。

正 誤 **【問　8】** 交差点では、左折する車の後輪に巻き込まれるおそれがあるので、原動機付自転車は車の運転者からよく見える位置を走行するようにしなければならない。

正 誤 **【問　9】** 発進する場合は、方向指示器などで合図をし、もう一度バックミラーなどで前後左右の安全を確認するとよい。

正 誤 **【問１０】** 車を運転中、大地震が発生したときは、急ハンドルや急ブレーキを避けるなどして、できるだけ安全な方法で道路の左側に寄せて停止させる。

正 誤 **【問１１】** 運転中、マフラーが故障して大きな排気音を発する状態になったが、運転上危険でないからそのまま運転した。

正 誤 **【問１２】** 原動機付自転車を運転する場合、工事用ヘルメットでもよいから、必ずかぶらなければならない。

正 誤 **【問１３】** 原動機付自転車でぬかるみや砂利道を走行するときは、高速ギアなどを使って加速して通行する。

【問14】走行中、アクセルワイヤーが引っ掛かってアクセルが戻らなくなったら、急ブレーキをかけて止まる。

【問15】交通事故を起こしても、相手が軽傷の場合は、警察官に届け出る必要はない。

【問16】原動機付自転車は、機動性に富んでいるので車の間をぬって走ったり、ジグザグ運転をしてもよい。

【問17】夜間、交通量の多い市街地を通行するときは、つねに前照灯を上向きにして運転しなければならない。

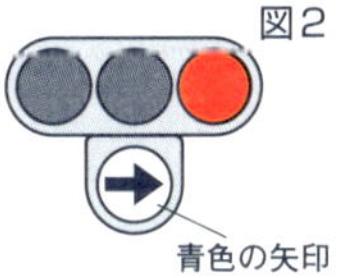

【問18】原動機付自転車は前方の信号が赤色であっても、図2の青色の矢印が表示されているときは、すべての交差点で右折することができる。

図2
青色の矢印

【問19】原動機付自転車を運転するときは、免許証に記載されている条件を守らなければならない。

【問20】道路を通行するときは、交通規則を守るほか、道路や交通の状況に応じて、細かい注意をする必要がある。

【問21】停止位置とは、停止線があるところでは、停止線の直前をいう。

【問22】黄色の灯火の点滅は、必ず停止位置で一時停止をして安全を確かめてから進まなければならない。

【問23】原動機付自転車は、図3の標識のある交差点での右折はすべて交差点の中心の直近の内側を徐行しなければならない。

図3

【問24】身体の不自由な人が、車いすで通行しているときは、その通行を妨げないように一時停止するか、徐行しなければならない。

【問25】急発進や急ブレーキは、危険なばかりでなく、燃料消費量も多くなり不経済である。

【問26】図4の標識のある道路では、自動車は通行できないが、歩行者、自転車、原動機付自転車は通行することができる。

図4

【問27】原動機付自転車に乗車装置をつければ、幼児などを同乗させ運転することができる。

【問28】ブレーキは道路の摩擦係数が小さくなるほど強くかかる。

【問29】疲れているときや病気のときは、酒酔いのときとは違って危険性はないので運転してもかまわない。

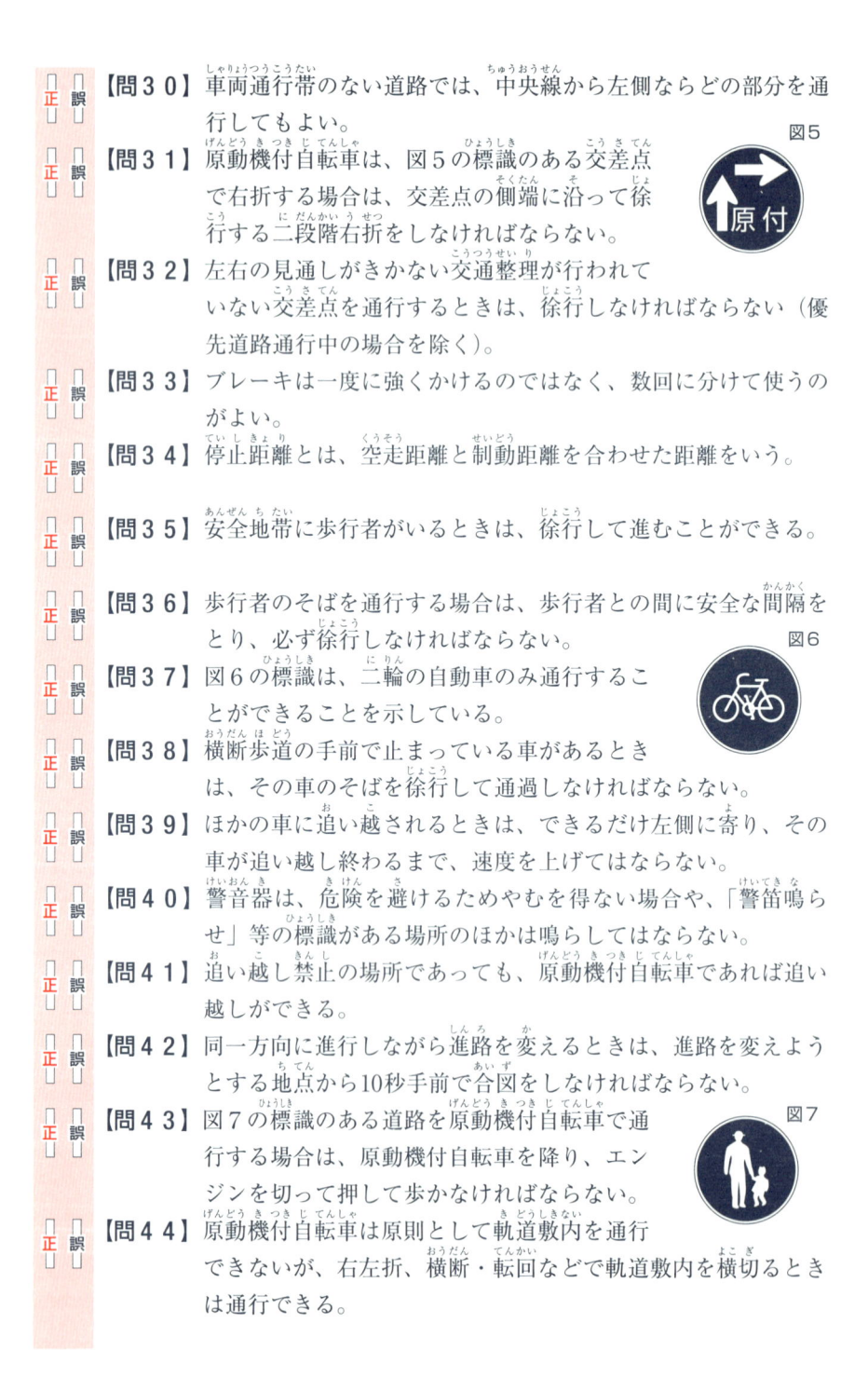

【問30】車両通行帯のない道路では、中央線から左側ならどの部分を通行してもよい。

【問31】原動機付自転車は、図5の標識のある交差点で右折する場合は、交差点の側端に沿って徐行する二段階右折をしなければならない。

図5

【問32】左右の見通しがきかない交通整理が行われていない交差点を通行するときは、徐行しなければならない（優先道路通行中の場合を除く）。

【問33】ブレーキは一度に強くかけるのではなく、数回に分けて使うのがよい。

【問34】停止距離とは、空走距離と制動距離を合わせた距離をいう。

【問35】安全地帯に歩行者がいるときは、徐行して進むことができる。

【問36】歩行者のそばを通行する場合は、歩行者との間に安全な間隔をとり、必ず徐行しなければならない。

図6

【問37】図6の標識は、二輪の自動車のみ通行することができることを示している。

【問38】横断歩道の手前で止まっている車があるときは、その車のそばを徐行して通過しなければならない。

【問39】ほかの車に追い越されるときは、できるだけ左側に寄り、その車が追い越し終わるまで、速度を上げてはならない。

【問40】警音器は、危険を避けるためやむを得ない場合や、「警笛鳴らせ」等の標識がある場所のほかは鳴らしてはならない。

【問41】追い越し禁止の場所であっても、原動機付自転車であれば追い越しができる。

【問42】同一方向に進行しながら進路を変えるときは、進路を変えようとする地点から10秒手前で合図をしなければならない。

【問43】図7の標識のある道路を原動機付自転車で通行する場合は、原動機付自転車を降り、エンジンを切って押して歩かなければならない。

図7

【問44】原動機付自転車は原則として軌道敷内を通行できないが、右左折、横断・転回などで軌道敷内を横切るときは通行できる。

正 誤 【問45】対向車のライトがまぶしいときは、視点をやや左前方に向けるとよい。

正 誤 【問46】交差点を通行中に緊急自動車が近づいてきたときは、ただちに交差点の隅に寄って一時停止をしなければならない。

【問47】夜間、前方にトラックが止まっている道路を30km/hで進行しています。どのようなことに注意して運転しますか？

(1) 正 誤
(2) 正 誤
(3) 正 誤

(1) 対向車は見えないので、ハイビーム（上向き）にして無灯火の自転車や歩行者がいるかどうか注意をしながら進行する。
(2) ほかの車のヘッドライトも見えないので、速度を上げて進行する。
(3) 道路に駐車車両があることも予測し、反射板の光などに注意して進行する。

【問48】30km/hで進行しています。どのようなことに注意して運転しますか？

(1) 正 誤
(2) 正 誤
(3) 正 誤

(1) 通園バスはまだ発進しないと思うので、対向車線にはみ出して、そのまま通過する。
(2) 大人が一緒にいれば、こどもが飛び出すことはないと思うので、このままの速度で通過する。
(3) 通園バスの前をこどもが横断してくるかもしれないので、ホーンを鳴らして通過する。

第14回 実力判定模擬テスト 解答＆解説

● ……試験によく出る頻出問題　　✋……引っかけ問題　　★……理解しておきたい難問

問 1：誤　前車に続いて踏切を通過するときでも、一時停止をし、安全を確かめなければならない。●

問 2：誤　**駐停車が禁止されていない幅の広い路側帯**の場合には路側帯に入れるが、このときは**車の左側に0.75メートル以上の余地**をあけておく。★

問 3：正●　　問 4：正　　問 5：正

問 6：誤　問題の標識は自動車の「軌道敷内通行可」を意味し、**原動機付自転車は軌道敷内の通行はできない**。✋

問 7：誤　一方通行の道路で右折するときは道路の右端に寄らなければならない。★

問 8：正　　問 9：正★　　問10：正

問11：誤　騒音を出して他人に迷惑を与えたりするおそれのある車は運転できない。★

問12：誤　PS (c) マークかJISマークのついた乗車用ヘルメット以外のヘルメットを使用してはならない。

問13：誤　低速ギアなどを使って速度を落として通行する。★

問14：誤　二輪車の場合はただちにエンジンスイッチを切るなどして、エンジンの回転を止める。

問15：誤　交通事故を起こした場合は、必ず警察官に届け出なければならない。

問16：誤　車の間をぬって走ったり、ジグザグ運転は極めて危険なので、してはならない。★

問17：誤　夜間、交通量の多い市街地を通行するときには、つねに前照灯を下向きにして運転しなければならない。

問18：誤　原動機付自転車は二段階右折すべき交差点では、小回り右折をすることはできないので、停止しなければならない（42ページ参照）。✋

問19：正　　問20：正★　　問21：正

問22：誤　**黄色の灯火の点滅の場合はほかの交通に注意して進むことができる**。★

問23：正●　　問24：正　　問25：正

問26：誤　問題の標識は歩行者、自転車などの軽車両、原動機付自転車、自動車などの通行を禁止するものである。

問27：誤　原動機付自転車を運転するときは、2人乗りをしてはならない。★

問28：誤　ブレーキは道路の摩擦係数が大きくなるほど強くかけられる。

問29：誤　**疲れているときや病気のときなどは、運転をしないようにする**。★

問30：誤　追い越しなどやむを得ない場合のほかは、道路の左に寄って通行する。★

問31：正 ★　　問32：正 ★　　問33：正　　問34：正　　問35：正

問36：誤　**安全な間隔をあけるか、徐行するかのどちらかを行えばよい。**✋

問37：誤　問題の標識は「特定小型原動機付自転車・自転車専用」なので、特定小型原動機付自転車・普通自転車以外の車と歩行者の通行が禁止されている。

問38：誤　横断歩道の手前で止まっている車の側方を通って前方に出る前に、一時停止をする。✋

問39：正 ★　　問40：正

問41：誤　追い越し禁止の場所では、自動車や原動機付自転車は追い越しをすることはできない。✋

問42：誤　合図を行う時期は、進路を変えようとするときの約3秒前である。✋

問43：正　　問44：正　　問45：正 ★

問46：誤　交差点とその付近で緊急自動車が近づいてきたときは、**交差点を避け、道路の左側に寄って一時停止する。**★

問47：　(1) 正　　(2) 誤　　(3) 正
●夜間、交通量の少ない道路で、対向車がいない場合は、ヘッドライトをハイビーム（上向き）に切り替えて、無灯火の自転車や歩行者、駐車車両などに注意して慎重に運転しよう。

問48：　(1) 誤　　(2) 誤　　(3) 誤
●通園バスの側方を通過するときは、そのかげから園児が道路を横断しようとして出てくることがあるので、すぐに停止できるような速度に落として進行する。また、通園バスにより対向車の有無が確認できないので、注意すること。
●この場合、右側にいる歩行者が園児を迎えに来た母親と考えられる。そのため母親のもとへ行こうと通園バスの前からこどもが飛び出してきたり、母親がこどものもとに飛び出してきたりすることが予測できる。通園バスと安全な間隔をあけ、いつでも止まれる速度に落として通過しよう。

第15回 実力判定模擬テスト

◆制限時間：30分　◆45点以上正解で合格　◆問1〜問46：各1点、問47〜問48：各2点
（ただし、問47〜問48は3つの質問すべてを正解した場合に限り得点となる）

◆次のそれぞれの問題について、正しいものは「正」、誤っているものは「誤」のワクの中をぬりつぶしなさい。

【問1】右折や左折、転回をする場合の進路変更の合図は、進路を変えようとするときの約3秒前に行う。

【問2】乗降のため停車している通学バスのそばを通るときには、安全を確認できれば、徐行する必要はない。

【問3】ブレーキは道路の摩擦係数が小さくなるほど強くかかる。

【問4】交通事故で、負傷者の意識がない場合は、身体を仰向けにする。

【問5】徐行とは、車がすぐに停止できる速度で走行することである。

【問6】進路を変更するときはまず合図をしてから安全を確認する。

【問7】夜間、交通整理をしている警察官が頭上に灯火をあげているときは、身体の正面に平行する交通は青信号と同じ意味である。

【問8】図1の標識のある道路には原動機付自転車であっても進入できない。

図1

【問9】安全地帯のない停留所で路面電車が停車しているときに乗り降りする人がいない場合は、路面電車との距離を1.5メートル以上あければそのまま通行できる。

【問10】長い下り坂では、むやみにブレーキを使わず、なるべくエンジンブレーキを活用する。

【問11】大地震が発生したときは、原動機付自転車を道路の左側に止め、キーを抜いておく。

【問12】図2の標識のある道路では原動機付自転車は通行できる。

図2

【問13】車両通行帯のないトンネルの中では追い越しをしてはいけない。

【問14】カーブを曲がろうとするとき、遠心力は、カーブの半径が小さいほど大きくなり、速度の2乗に比例して大きくなる。

【問15】放置車両確認標章を取り付けられた車の使用者は、放置違反金の納付を命ぜられることがある。

【問16】図3の標識のある道路は駐車場に入るためでも右に横断することはできない。　図3

【問17】50cc以下のミニカーならば、原付免許で運転できる。

【問18】交通事故を起こしたときは、負傷者の保護よりもさきに警察に連絡する。

【問19】カーブを曲がるときは、カーブ手前の直線で減速し、クラッチを切ってその惰力で曲がる。

【問20】警察官の手信号と信号機の信号が違っていた場合は、手信号に従う。

【問21】バス優先通行帯を走行中にバスが近づいてきた場合、原動機付自転車は速やかに優先通行帯から出なければならない。

【問22】原動機付自転車から離れるときは、倒れないようにスタンドを立て、ハンドルロックしてキーを抜いておく。

【問23】図4の標示のある場所には、たとえ危険防止のためでも入ることはできない。　図4

【問24】原動機付自転車でリヤカーをけん引する場合は、120キログラムまで積むことができる。

【問25】右折・左折の合図の時期は、進路変更と同じく右左折地点に達する約3秒前である（環状交差点を除く）。

【問26】ブレーキを強くかけると短い距離で止まるので、ブレーキは強くかけるとよい。

【問27】濃い霧で50メートル先が見えにくいときでも、昼間は前照灯を点灯してはいけない。

【問28】原動機付自転車は自動車専用道路を走ることができる。

【問29】交差点での二段階右折では、原動機付自転車は自転車と同じ方法で右折する。

【問30】上り坂の頂上付近とこう配の急な上り坂は追い越し禁止である。

【問31】歩行者の側面を通るときには、安全な間隔をあけて徐行しなくてはならない。

正 誤 【問３２】走行中に、アクセルワイヤーが引っかかり、アクセルがもどらなくなったときは、急ブレーキをかけて早く停止する。

正 誤 【問３３】道路の左側部分が工事中のときは、どんな場合でも道路の中央から右側にはみ出して走行してよい。

正 誤 【問３４】ぬかるみや砂利道では、速度を落として通る。

正 誤 【問３５】見通しがよくきく踏切で、信号機が青を灯火している場合は、一時停止しなくてもよい。

正 誤 【問３６】火災報知機から１メートル以内の場所は停車してはいけない。

正 誤 【問３７】安全地帯の周辺を通るときに、歩行者が安全地帯にいても徐行しなくてよい。

正 誤 【問３８】原動機付自転車に同乗する人もヘルメットをかぶる必要がある。

正 誤 【問３９】二輪車でブレーキをかけるとき、路面が滑りやすいときは、後輪ブレーキをやや強めにかける。

正 誤 【問４０】図５の標識のある道路では速度を落として慎重に運転する。

図５

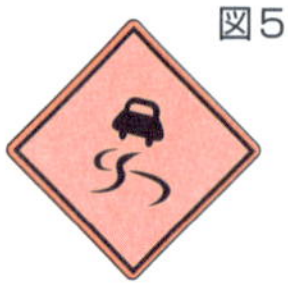

正 誤 【問４１】広い道路で右折しようとするときは、中央寄りの車線にすばやく移動しなければならない。

正 誤 【問４２】前方の交通が混雑していて交差点の中で動きがとれなくなりそうな場合でも、信号機の信号が青ならば信号に従って交差点に入らなければならない。

正 誤 【問４３】警察官や交通巡視員が交差点以外の道路で、手信号や灯火信号を行っているときの停止位置は、その警察官や交通巡視員の10メートル手前である。

正 誤 【問４４】前の車が交差点や踏切の手前で停止しているときには、その車の前を横切ってもかまわない。

正 誤 【問４５】トンネルの中では、対向車に注意を与えるため、右側の方向指示器を作動させたまま走行するとよい。

正 誤 【問４６】マフラーはエンジン爆発後の排気ガスを少なくするためにあるものである。

【問47】25km/hで進行しています。前のバイクを追い越そうと思っています。どのようなことに注意して運転しますか？

(1) 正 誤
(2) 正 誤
(3) 正 誤

(1) 前のバイクを追い越す前に後ろの四輪車が自分のバイクの追い越しを始めないか、バックミラーなどで確認してから追い越しをする。
(2) 前のバイクがその前を走っている自転車を追い越すと思われるので、前のバイクが自転車を追い越し終わってから追い越す。
(3) 前のバイクがその前を走っている自転車を追い越す前に追い越したほうが安全と思われるので、なるべく早く追い越す。

【問48】30km/hでいつも通っている道路を進行しています。前方の見通しの悪い交差点を直進するとき、どのようなことに注意して運転しますか？

(1) 正 誤
(2) 正 誤
(3) 正 誤

(1) いつも通っている道であり、交通量も少ないので、飛び出しなどに注意しながらそのままの速度で進行する。
(2) 見通しの悪い交差点から自転車や歩行者が飛び出してくることが考えられるので、すぐに停止できるように速度を落として進行する。
(3) 見通しの悪い交差点から車や歩行者が飛び出してくることが考えられるので、道路の中央をそのままの速度で進行する。

第15回 実力判定模擬テスト 解答&解説

🔴……試験によく出る頻出問題　✋……引っかけ問題　⭐……理解しておきたい難問

問 1：正 ✋
問 2：誤　停車中の通学バスのそばを通るときは**徐行して安全を確認する**。
問 3：誤　摩擦係数が大きくなるほどブレーキは強くかかる。
問 4：誤　身体を横向きに寝かせ、気道がふさがるのを防ぐ。
問 5：正 🔴
問 6：誤　あらかじめ安全確認をしてから合図を行う。
問 7：誤　身体の正面に平行する交通は黄色信号と同じ意味になる。身体の正面に平行する交通が青信号となるのは灯火を横に振っているとき。
問 8：正
問 9：誤　1.5メートル以上あけ、徐行して通行しなければならない。✋
問10：正 ⭐
問11：誤　できるだけ道路外に車を止める。道路上に置いて避難するときは、**エンジンを止め、キーはつけたままにしておく**。
問12：正　　問13：正 ⭐　問14：正 ⭐　問15：正　　問16：正
問17：誤　車室のある三輪車、四輪車は普通免許がなければ運転できない。
問18：誤　交通事故が起きたときには、まず事故の続発を防ぐために車を**安全な場所に移しエンジンを止め**、つぎに**負傷者の保護にあたる**。そのあと警察に報告する。
問19：誤　カーブ手前の直線で減速し、クラッチは切らないで安全な速度で通過する。⭐
問20：正 ⭐
問21：誤　左側に寄って、進路を譲ればよい。
問22：正　　問23：正
問24：正　リヤカーのけん引は都道府県条例により規制を受ける地域もある。
問25：誤　右折・左折の合図は、右左折地点から30メートル手前で行う。交差点の場合は、その交差点の端から30メートル手前で行う。✋
問26：誤　ブレーキを強くかけると横滑りし、バランスをくずすおそれがある。ブレーキは数回に分けてかけるようにする。
問27：誤　濃い霧で50メートル先が見えにくいときは**昼間も前照灯を点灯する**。
問28：誤　原動機付自転車は高速道路を走行することはできない。高速道路とは自動車専用道路と高速自動車国道をいう。⭐
問29：正

問30：誤　こう配の急な下り坂は追い越し禁止だが、こう配の急な上り坂は追い越し禁止ではない。
問31：誤　安全な間隔をあけることができれば、徐行しなくてもよい。✋
問32：誤　急ブレーキをかけずに、二輪車の場合はエンジンを止めて停止する。
問33：誤　工事中であっても、左側部分に通れるだけの幅が残されているときは、右側にはみ出してはならない。
問34：正　　問35：正 ⭐
問36：誤　火災報知機から1メートル以内の場所は駐車禁止。
問37：誤　安全地帯に歩行者がいるときには徐行しなければならない。
問38：誤　**原動機付自転車では2人乗りはできない。**✋
問39：正　　問40：正
問41：誤　右折する場合は、徐々に中央寄りの車線に移動する。
問42：誤　前方の道路が混雑していて、交差点の中で止まってしまうおそれのある場合は、信号が青でも交差点に入ってはならない。
問43：誤　警察官や交通巡視員の**1メートル手前で停止**する。
問44：誤　交差点や踏切の手前で停止している車の前を横切ったり、割り込んだりしてはならない。⭐
問45：誤　方向指示器は右左折や進路変更などの合図なので、むやみに点灯してはならない。
問46：誤　マフラーはエンジンの爆発音を小さくするとともに、有害な排出ガスを軽減するための装置。
問47：　(1) 正　　(2) 正　　(3) 誤
●追い越しをするときは、後続の車の動き、前を走る自転車やバイクの動きに注意して走行する。
●前のバイクを追い越そうとしているときに、前のバイクが自転車を追い越そうとして右側に出てくることが考えられ、それを避けるために対向車線にはみ出すおそれがある。
●追い越しは危険を伴う行為なので慎重に行わなければならない。
問48：　(1) 誤　　(2) 正　　(3) 誤
●いつも通っている道であっても安全確認は必要である。交通量の少ない住宅街では安全確認がおろそかになりがちなので注意が必要である。
●見通しの悪い交差点を通行するときにはただちに停止できるように徐行しなければならないので、速度を落として慎重に道路の左寄りを進行しなければならない。

第16回 実力判定模擬テスト

◆制限時間：30分　◆45点以上正解で合格　◆問1〜問46：各1点、問47〜問48：各2点
（ただし、問47〜問48は3つの質問すべてを正解した場合に限り得点となる）

◆次のそれぞれの問題について、正しいものは「正」、誤っているものは「誤」のワクの中をぬりつぶしなさい。

【問 1】荷物を積む場合は、方向指示器やナンバープレートがかくれないようにする。

【問 2】エンジンブレーキは高速ギアになるほど、ききがよくなる。

【問 3】原動機付自転車で歩行者のわきを通過するときは、歩行者との間に安全な間隔をあけなければならないが、自転車のわきを通過する場合はとくに必要はない。

【問 4】停止線のある横断歩道では、その1メートル手前で停止しなければならない。

【問 5】法定最高速度を超えないで走行すれば安全である。

【問 6】図1の標識のある道路は原動機付自転車は通行できない。

【問 7】カーブの手前では徐行しなければならない。

【問 8】原動機付自転車でも、「最高速度50キロメートル毎時」の標識がある道路では、50キロメートル毎時の速度で走行できる。

【問 9】チェーンのゆるみ具合の点検は乗車した状態で行う。

【問10】図2の標識のある通行帯は原動機付自転車は路線バスなどの通行を妨げないように通行する。

【問11】交差点を通行中に緊急自動車が近づいてきた場合には、交差点を避け、道路の左側に寄り一時停止して進路を譲る。

【問12】雨に濡れたアスファルト路面では、制動距離は長くなるため、強くブレーキをかけるとよい。

【問13】同一方向に進行しながら進路を変えるときには、合図と同時に速やかに進路変更する。

【問14】図3の標示のある場所では、原動機付自転車は5分以内の荷物の積卸しであれば停車できる。

| 正 誤 | 【問15】霧の中を走行するときは、昼間でも前照灯をつけ、危険防止のためなら必要に応じて警音器を鳴らすとよい。

| 正 誤 | 【問16】重い荷物を積むとブレーキがよくきく。

| 正 誤 | 【問17】マフラーを改造していない限り、他人の迷惑になるような空ぶかしでも禁止されていない。

| 正 誤 | 【問18】図4の標識のある場所では追い越しが禁止されている。

図4

| 正 誤 | 【問19】道路の曲がり角付近を走行するときは徐行しなければならない。

| 正 誤 | 【問20】原付免許を取得してから1年未満の人が原動機付自転車を運転するときは、初心者マークをつける。

| 正 誤 | 【問21】駐停車が禁止されている場所では、図5の標識のある場所でも停車はできない。

図5

| 正 誤 | 【問22】交通事故で身体に衝撃を受けたり、頭部を強く打ったりした場合などは、とくに異常を感じなくても医師の診断を受ける。

| 正 誤 | 【問23】歩行者のそばを通行するときは、歩行者との間に安全な間隔をとり、必ず徐行しなければならない。

| 正 誤 | 【問24】車両通行帯のない道路では、中央線から左側ならどこを走行してもよい。

| 正 誤 | 【問25】原動機付自転車は、路線バスなどの優先通行帯を通行することができる。

| 正 誤 | 【問26】原動機付自転車を運転する場合は、できるだけ身体を露出した身軽な服装がよい。

| 正 誤 | 【問27】図6の標識のある道路では二輪の自動車は通行できないが、原動機付自転車は通行できる。

図6

| 正 誤 | 【問28】雨の日は視界がせまくなるため、前の車との車間距離をややつめる。

| 正 誤 | 【問29】原動機付自転車を運転して携帯電話をかけることはできないが、かかってきた電話に出るのは禁止されていない。

| 正 誤 | 【問30】原動機付自転車に積むことのできる荷物の高さは荷台から2メートル以下までである。

図7

| 正 誤 | 【問31】図7の標識のある道路では道路の右側に出なくても追い越しが禁止されている。

第4章 第16回実力判定模擬テスト

【問32】原動機付自転車に乗る人は、大型自動車の死角や内輪差を十分知っておく必要がある。

【問33】黄色の灯火の点滅は、必ず一時停止をして安全を確認してから進まなければならない。

【問34】原動機付自転車に幼児用乗車装置をつければ、6歳以下の幼児なら同乗させることができる。

【問35】こどもがひとりで歩いているときは、一時停止か徐行して、安全に通行できるように気を配らなければならない。

【問36】原動機付自転車は、転回が禁止された場所でも転回ができる。

【問37】原動機付自転車を運転中、大地震があったときには、ただちに停止し、道路の外に止める。

【問38】これから原動機付自転車を運転しようとするときは、乗車する前にバックミラーを調整する。

【問39】身体の不自由な人が車いすで通行しているときは、その通行を妨げないように、一時停止か徐行する。

【問40】図8の標示のある道路では、車が左折する場合は左から1番目か2番目の通行帯を通行する。

図8

【問41】横断歩道のない道路を歩行者が通行しているときは、自動車や原動機付自転車に優先権があるため、歩行者の横断を中止させて通過してもよい。

【問42】道幅が同じような交通整理が行われていない交差点（環状交差点や優先道路通行中の場合を除く）では、左方から来る車の交通を妨げてはならない。

【問43】対向車のライトがまぶしいときは視点をやや左前方に向けるとよい。

【問44】見通しのきく踏切では、安全を確認できれば一時停止する必要はない。

【問45】カーブを走行中にハンドルを右に切ると、遠心力が働き、バイクは左に引っ張られ、左側に倒れようとする。

【問46】原動機付自転車の場合に限り、路側帯を通行できる。

【問47】対向車線の車が交差点で左折待ちのため停止しています。どのようなことに注意して運転しますか？

(1) 正 誤
(2) 正 誤
(3) 正 誤

(1) 信号が青であるにもかかわらず対向車が交差点で停止しているときは、対向車が動き出す前にすばやく右折する。
(2) 後続車にも注意し、対向車線の車のかげから二輪車などが交差点に進入して来ないか安全を確認してから右折する。
(3) 対向車の運転者がパッシングで先に右折するようにと合図をした場合は、待たせないように急いで右折する。

【問48】30km/hで進行しています。横断歩道の手前で止まっている車があるとき、どのようなことに注意して運転しますか？

(1) 正 誤
(2) 正 誤
(3) 正 誤

(1) 横断歩道の付近には歩行者や自転車などが見えないのでそのままの速度で通行する。
(2) 止まっている車のかげから歩行者などが出てくるかもしれないので、車のかげの様子に注意しながら通過する。
(3) 歩行者などが飛び出してくるかもしれないので、止まっている車の前方に出る前に一時停止して安全を確認する。

第16回 実力判定模擬テスト 解答&解説

🔴……試験によく出る頻出問題　✋……引っかけ問題　★……理解しておきたい難問

問1：正 ★
問2：誤　エンジンブレーキは低速ギアになるほどきく。
問3：誤　自転車のわきを通過する場合も**安全な間隔をあけるか、徐行しなけれ**ばならない。
問4：誤　停止線のある場合はその直前で停止する。
問5：誤　交通の状況や天候、視界などによって安全な速度は違う。
問6：正 ★
問7：誤　カーブの手前の直線であらかじめ速度を落とさなければならない。徐行の規定はない。
問8：誤　原動機付自転車は、「最高速度50キロメートル毎時」の標識があっても、30キロメートル毎時を超えてはならない。
問9：誤　チェーンのゆるみ具合の点検は、乗車する前に点検する。チェーンの遊びは約2〜3センチメートル程度が適当。
問10：正 ★　　問11：正 🔴
問12：誤　急ブレーキは危険。とくに**濡れたアスファルト路面では**スリップしやすい。
問13：誤　同一方向への進路変更は合図の後3秒後に行う。
問14：誤　問題の標示は、駐停車禁止を表しているので停車はできない。
問15：正 ★
問16：誤　ブレーキをかける強さが同じなら、荷物が重いときは悪くなる。
問17：誤　他人の迷惑になるような空ぶかしはしてはいけない。
問18：正　　問19：正 ★
問20：誤　初心者マークは普通自動車につける標識である。
問21：誤　駐停車が禁止された場所でも問題の標識のある場所は停車可。
問22：正 ★
問23：誤　安全な間隔をとるか、徐行するかのいずれかでよい。✋
問24：誤　**道路の左側に寄って走行**しなければならない。
問25：正 ★
問26：誤　露出部分が少ない服装の方が、運転による疲労が少なく、事故のとき外傷を軽くする。
問27：誤　問題の標識は車両（組合せ）通行止めなので、原動機付自転車も通行できない。

問28：誤　雨の日は速度を落としたうえで、**車間距離を十分にとる必要がある。**
問29：誤　車を運転中は携帯電話を使用してはならない。
問30：誤　荷物の高さは地上から２メートル以下である。✋
問31：正　　問32：正 ★
問33：誤　一時停止しなければならないのは赤色の灯火の点滅。黄色の灯火の点滅は、ほかの交通に注意して進む。
問34：誤　原動機付自転車の乗車定員は１人である。
問35：正 ★
問36：誤　原動機付自転車でも転回はできない。
問37：正
問38：誤　バックミラーは乗車して調整する。
問39：正 ★　　問40：正
問41：誤　**横断歩道のない交差点やその付近でも、歩行者が通行しているときは、歩行者の通行を妨げてはならない。**
問42：正 ★　　問43：正
問44：誤　信号機のない踏切では必ず一時停止しなければならない。
問45：正
問46：誤　路側帯は歩行者（自転車が可能な路側帯もある）の通行するところで、原動機付自転車は通行できない。
問47：　(1) 誤　　(2) 正　　(3) 誤
●交差点で右折するとき、対向車が交差点の手前で停止していても、その車のかげから二輪車などが進行してくることがある。対向車の動きに十分注意して進むことが必要である。
●後方から来る車の動きを右側のバックミラーで確認する。
●パッシングにより進路を譲られたときでも対向車線の車の動きに注意して右折することが大切である。
問48：　(1) 誤　　(2) 誤　　(3) 正
●止まっている車のかげからこどもが突然飛び出してきたり、歩行者が横断を始めたりするかもしれない。止まっている車の前方に出る前には一時停止をして安全を確認しなければならない。
●止まっている車の横を通るときには、車のドアが急に開くことがあるので注意しなければならない。

第17回 実力判定模擬テスト

◆制限時間：30分　◆45点以上正解で合格　◆問1〜問46：各1点、問47〜問48：各2点
（ただし、問47〜問48は3つの質問すべてを正解した場合に限り得点となる）

◆次のそれぞれの問題について、正しいものは「正」、誤っているものは「誤」のワクの中をぬりつぶしなさい。

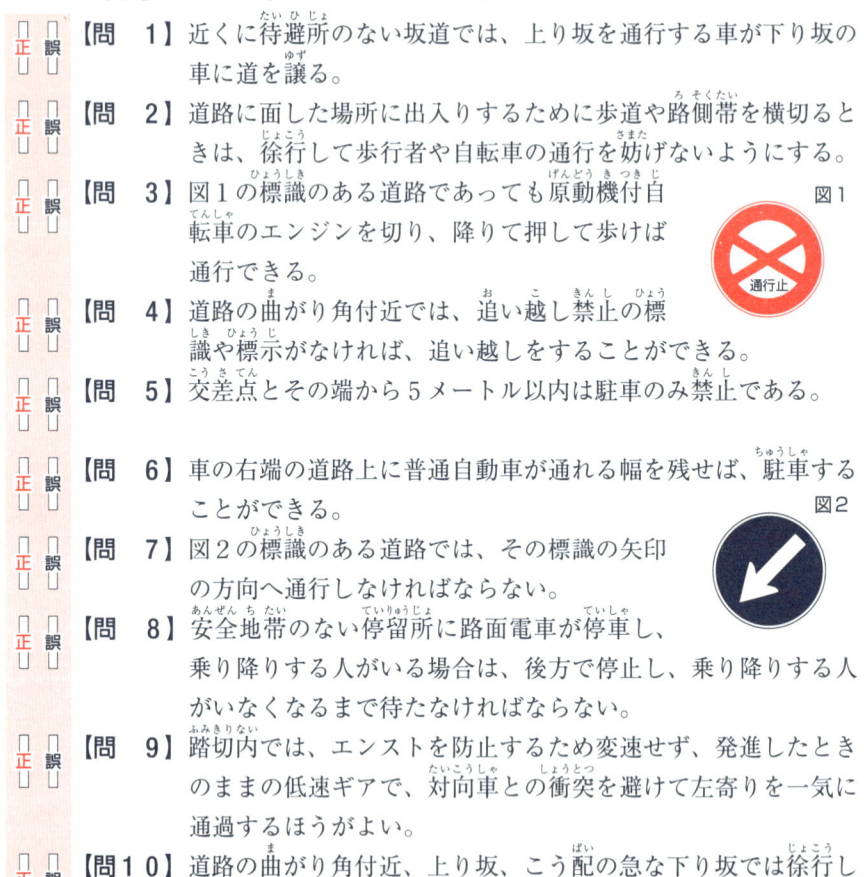

【問 1】近くに待避所のない坂道では、上り坂を通行する車が下り坂の車に道を譲る。

【問 2】道路に面した場所に出入りするために歩道や路側帯を横切るときは、徐行して歩行者や自転車の通行を妨げないようにする。

【問 3】図1の標識のある道路であっても原動機付自転車のエンジンを切り、降りて押して歩けば通行できる。

【問 4】道路の曲がり角付近では、追い越し禁止の標識や標示がなければ、追い越しをすることができる。

【問 5】交差点とその端から5メートル以内は駐車のみ禁止である。

【問 6】車の右端の道路上に普通自動車が通れる幅を残せば、駐車することができる。

【問 7】図2の標識のある道路では、その標識の矢印の方向へ通行しなければならない。

【問 8】安全地帯のない停留所に路面電車が停車し、乗り降りする人がいる場合は、後方で停止し、乗り降りする人がいなくなるまで待たなければならない。

【問 9】踏切内では、エンストを防止するため変速せず、発進したときのままの低速ギアで、対向車との衝突を避けて左寄りを一気に通過するほうがよい。

【問10】道路の曲がり角付近、上り坂、こう配の急な下り坂では徐行しなければならない。

【問11】図3の標識のある交差点では、原動機付自転車はあらかじめ道路の中央に寄り、右折しなければならない。

【問12】上り坂の頂上付近、こう配の急な下り坂、車両通行帯のないトンネルの中では、前の車を追い越してはならない。

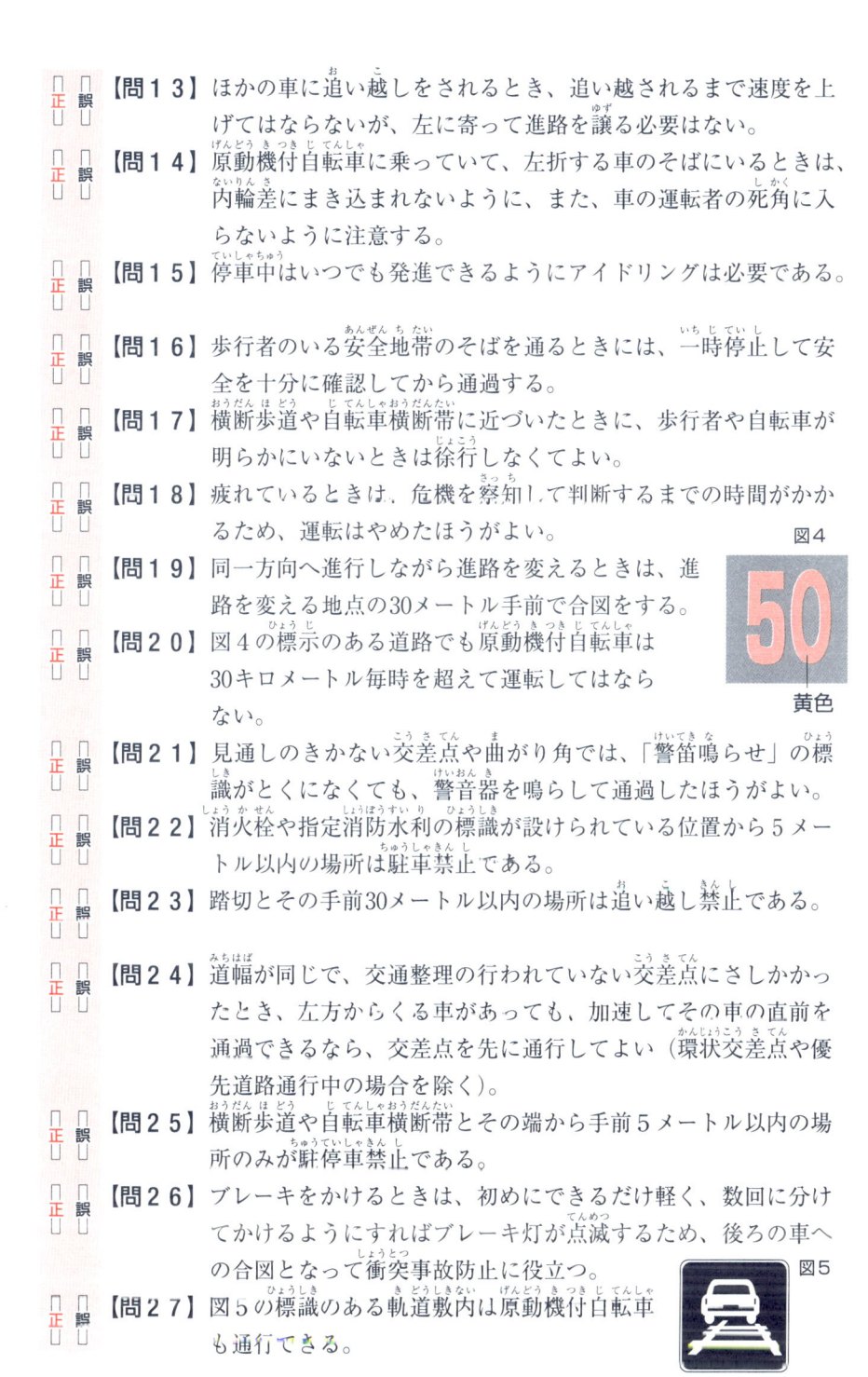

【問13】ほかの車に追い越しをされるとき、追い越されるまで速度を上げてはならないが、左に寄って進路を譲る必要はない。

【問14】原動機付自転車に乗っていて、左折する車のそばにいるときは、内輪差にまき込まれないように、また、車の運転者の死角に入らないように注意する。

【問15】停車中はいつでも発進できるようにアイドリングは必要である。

【問16】歩行者のいる安全地帯のそばを通るときには、一時停止して安全を十分に確認してから通過する。

【問17】横断歩道や自転車横断帯に近づいたときに、歩行者や自転車が明らかにいないときは徐行しなくてよい。

【問18】疲れているときは、危機を察知して判断するまでの時間がかかるため、運転はやめたほうがよい。

【問19】同一方向へ進行しながら進路を変えるときは、進路を変える地点の30メートル手前で合図をする。

図4

【問20】図4の標示のある道路でも原動機付自転車は30キロメートル毎時を超えて運転してはならない。

黄色

【問21】見通しのきかない交差点や曲がり角では、「警笛鳴らせ」の標識がとくになくても、警音器を鳴らして通過したほうがよい。

【問22】消火栓や指定消防水利の標識が設けられている位置から5メートル以内の場所は駐車禁止である。

【問23】踏切とその手前30メートル以内の場所は追い越し禁止である。

【問24】道幅が同じで、交通整理の行われていない交差点にさしかかったとき、左方からくる車があっても、加速してその車の直前を通過できるなら、交差点を先に通行してよい（環状交差点や優先道路通行中の場合を除く）。

【問25】横断歩道や自転車横断帯とその端から手前5メートル以内の場所のみが駐停車禁止である。

【問26】ブレーキをかけるときは、初めにできるだけ軽く、数回に分けてかけるようにすればブレーキ灯が点滅するため、後ろの車への合図となって衝突事故防止に役立つ。

図5

【問27】図5の標識のある軌道敷内は原動機付自転車も通行できる。

【問28】踏み込んだブレーキが実際にきき始めてから停止するまでの距離を空走距離という。

【問29】原動機付自転車の場合は小回りがきくため、右左折するときの合図は、右左折する地点の10メートル手前でよい（環状交差点を除く）。

【問30】二輪車でブレーキをかけるとき、乾燥した路面では前輪ブレーキをやや強くかける。

【問31】図6の補助標識の意味は本標識が示す交通規制の始まりを示している。

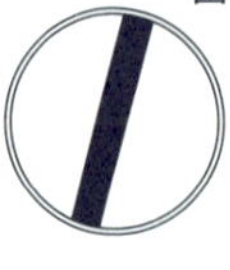

図6

【問32】雨の日は視界が悪く、路面も滑りやすいので、晴れの日より速度を落とし、車間距離を十分にとる。

【問33】火災報知機から１メートル以内の場所は駐車禁止である。

【問34】下り坂では加速がついて停止距離が長くなるので車間距離を十分にとり、低速ギアを用いて走行する。

【問35】夜間に対向車と行き違うときや、ほかの車の直後を通行するときは、前照灯を上向きに切り替える。

【問36】放置車両確認標章を車に取り付けられたときは、運転者はこれを取り除いてはならない。

【問37】同じ方向に３つ以上の通行帯がある道路では、原動機付自転車は一番左の通行帯を通行する。

【問38】左側部分の幅が６メートル未満の道路で、見通しがよい場合では、標識や標示で禁止されていないかぎり、右側部分にはみ出して追い越しすることができる。

【問39】交差点付近で緊急自動車が近づいてきたときには、交差点を避けて左側に寄り、徐行しながら進路を譲らなければならない。

【問40】図7の標識のある道路を通行するときは、こどもの飛び出しに注意して運転する。

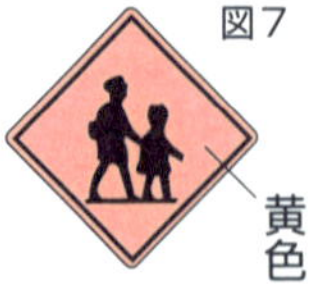

図7
黄色

【問41】大型免許を受けて１年以上を経過した人は、原動機付自転車の同乗者用の座席に人を乗せて走行することができる。

【問42】原動機付自転車を運転するときは、背筋を伸ばし、視線は前方に向け、手首を下げてハンドルを前に押すようにして軽くグリップをにぎる。また、肩の力はぬいてひじをわずかに曲げる。

【問43】信号機の黄色の灯火が点滅しているときは、ほかの通行に注意しながら進むことができる。

| 正 | 誤 | 【問44】運転免許には、第一種運転免許と第二種運転免許のほかに仮運転免許がある。

| 正 | 誤 | 【問45】原動機付自転車が積むことができる荷物の幅は、積載装置の幅プラス左右0.2メートル以下である。

| 正 | 誤 | 【問46】カーブを曲がるときの遠心力は、カーブの半径が小さくなるほど大きくなり、速度の2乗に比例して大きくなる。

【問47】30km/hで進行しています。前方の車がガソリンスタンドに入ろうとしているとき、どのようなことに注意して運転しますか？

(1) | 正 | 誤 |
(2) | 正 | 誤 |
(3) | 正 | 誤 |

(1) 歩道上に歩行者や自転車がいるため前の車は歩道の手前で停止すると思われるので、速度を落として対向車線の安全を確認して右に進路を変更する。
(2) 前の車は歩道の手前で停止すると思われるので、速度を上げて対向車線にはみ出して進行する。
(3) 歩道上の自転車が前の車を避けて車道に出てくることが考えられるので、自転車の動きに注意して速度を十分に落として進行する。

【問48】30km/hで進行しています。どのようなことに注意して運転しますか？

(1) | 正 | 誤 |
(2) | 正 | 誤 |
(3) | 正 | 誤 |

(1) 対向車が来ないうちに早めに加速して工事現場の右横を通過する。
(2) 右側部分に出て工事現場の横を通過するときには、工事関係者や歩行者が飛び出してこないか安全を確認して速度を落として進行する。
(3) 対向車が通過するまで、工事現場の手前で一時停止をして待つ。

第17回 実力判定模擬テスト 解答&解説

◑……試験によく出る頻出問題　✋……引っかけ問題　★……理解しておきたい難問

問1：誤　上り坂での発進は難しいため、下り坂の車が道を譲る。★
問2：誤　道路に面した場所に出入りするために**歩道や路側帯を横切るときは一時停止**しなければならない。★
問3：誤　問題の標識は通行止めを表し、歩行者も通行できない。✋
問4：誤　道路の曲がり角付近は追い越し禁止場所である。
問5：誤　交差点とその端から5メートル以内の場所は駐停車禁止である。
問6：誤　車の右側の道路に3.5メートル以上の余地がなければ駐車はできない。
問7：正　　　問8：正★
問9：誤　低速ギアのまま通過しなければならないが、**落輪を避けるため中央寄りを通過する。**
問10：誤　上り坂では徐行の必要はない。★
問11：誤　問題の標識は「一般原動機付自転車の右折方法」を表しているので自転車と同じように左側を直進する。
問12：正 ◑
問13：誤　追い越しに**十分な余地のない**ときはできるだけ、**左に寄って進路を譲る**必要がある。
問14：正 ★
問15：誤　排気ガス公害になるばかりか、むだな燃料を消費することになるのでアイドリングはやめる。
問16：誤　歩行者のいる安全地帯のそばを通るときは徐行でよい。
問17：正 ★　　問18：正
問19：誤　進路を変えるときの約3秒前に合図をする。✋
問20：正
問21：誤　「警笛鳴らせ」や「警笛区間」の標識のある場所か、危険を避けるためにやむを得ない場合のほかは警音器を鳴らしていけない。
問22：正 ★　　問23：正 ★
問24：誤　道幅が同じ交差点では**左方からくる車の通行が優先される。**
問25：誤　駐停車禁止は、横断歩道や自転車横断帯とその端から前後に5メートル以内の場所である。
問26：正
問27：誤　問題の標識は自動車の軌道敷内通行可を表しているので、原動機付自転車は通行できない。

問28：誤　ブレーキが実際にきき始めてから停止するまでの距離は制動距離である。

問29：誤　自動車と同じく、原動機付自転車も右左折する地点の30メートル手前で合図する。

問30：正 ★

問31：誤　問題の補助標識は本標識が示す交通規制の終わりを示している。

問32：正　　問33：正 ★　　問34：正 ★

問35：誤　**前照灯を減光するか、下向きに切り替えなければならない。**

問36：誤　放置車両確認標章は、運転するときは交通事故防止のため取り除くことができる。★

問37：正 ◉　　問38：正

問39：誤　交差点を避けて左側に寄ったあと、一時停止しなければならない。

問40：正

問41：誤　**原動機付自転車は2人乗りはできない。**

問42：正 ★　　問43：正　　問44：正

問45：誤　積載装置の幅プラス左右0.15メートル以下である。

問46：正 ★

問47：　(1) 正　(2) 誤　(3) 正
●前の車が道路外の施設に入るため歩道を横切って左折するようなときには、歩行者などの有無にかかわらず一時停止が義務づけられているので、一時停止すると考えて行動しなければならない。このため、前の車が停止しても安全なように速度を落とすことが大切である。
●この場合、歩道上に歩行者や自転車がいるので前の車は歩行者などの通過を待つことになる。後続車は対向車や後方の安全を確認して前車の右側を進行するか、前車が左折するまで後方で待つようにする。

問48：　(1) 誤　(2) 正　(3) 正
●工事現場を通過する前に対向車が接近し、衝突するおそれがある。また、工事現場の人や機材にも注意しなければならないため、対向車をまず通過させてから進行する。
●進行する際には、人が飛び出してきたりすることや、路面に泥や砂があることもあるため、速度を落とす。

第18回 実力判定模擬テスト

◆制限時間：30分　◆45点以上正解で合格　◆問1～問46：各1点、問47～問48：各2点
（ただし、問47～問48は3つの質問すべてを正解した場合に限り得点となる）

◆次のそれぞれの問題について、正しいものは「正」、誤っているものは「誤」のワクの中をぬりつぶしなさい。

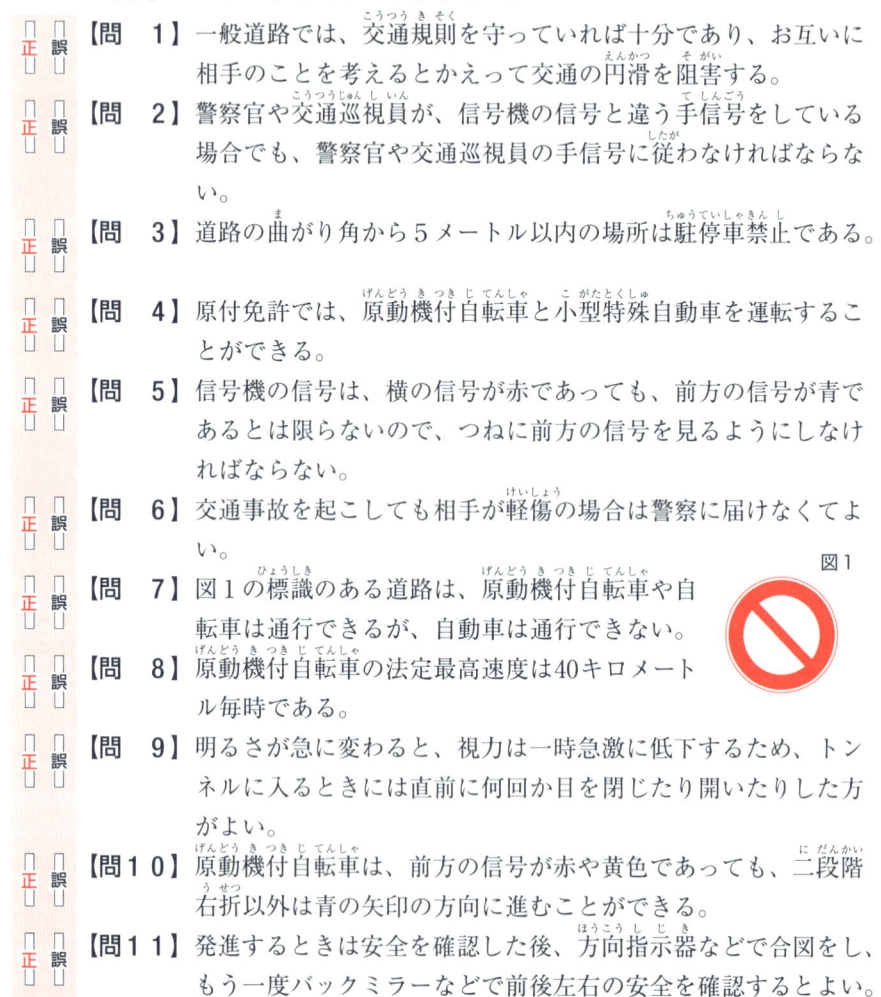

正　誤　【問　1】一般道路では、交通規則を守っていれば十分であり、お互いに相手のことを考えるとかえって交通の円滑を阻害する。

正　誤　【問　2】警察官や交通巡視員が、信号機の信号と違う手信号をしている場合でも、警察官や交通巡視員の手信号に従わなければならない。

正　誤　【問　3】道路の曲がり角から5メートル以内の場所は駐停車禁止である。

正　誤　【問　4】原付免許では、原動機付自転車と小型特殊自動車を運転することができる。

正　誤　【問　5】信号機の信号は、横の信号が赤であっても、前方の信号が青であるとは限らないので、つねに前方の信号を見るようにしなければならない。

正　誤　【問　6】交通事故を起こしても相手が軽傷の場合は警察に届けなくてよい。

正　誤　【問　7】図1の標識のある道路は、原動機付自転車や自転車は通行できるが、自動車は通行できない。

図1

正　誤　【問　8】原動機付自転車の法定最高速度は40キロメートル毎時である。

正　誤　【問　9】明るさが急に変わると、視力は一時急激に低下するため、トンネルに入るときには直前に何回か目を閉じたり開いたりした方がよい。

正　誤　【問10】原動機付自転車は、前方の信号が赤や黄色であっても、二段階右折以外は青の矢印の方向に進むことができる。

正　誤　【問11】発進するときは安全を確認した後、方向指示器などで合図をし、もう一度バックミラーなどで前後左右の安全を確認するとよい。

正　誤　【問12】二輪車でブレーキをかけるときに、路面が滑りやすいときは前輪のブレーキをやや強くかける。

正　誤　【問13】盲導犬を連れた人が歩いているときは、一時停止か徐行をしてその人が安全に通れるようにしなければならない。

| 正 | 誤 | 【問14】二輪車のブレーキは、ハンドルを切らないで車体が傾いていないとき、前後輪のブレーキを同時にかけるのがよい。

| 正 | 誤 | 【問15】原動機付自転車は、路線バスの専用通行帯を通行できるが、その場合は路線バスの通行を妨げないようにしなければならない。

| 正 | 誤 | 【問16】原動機付自転車の乗車定員は2人である。

| 正 | 誤 | 【問17】横断歩道に近づいたときは、横断する人がいないことが明らかな場合のほかは、その手前で停止できるように速度を落として進まなければならない。

| 正 | 誤 | 【問18】図2の標識のある交差点を原動機付自転車で右折する場合、二段階に分けて右折しなければならない。

図2

| 正 | 誤 | 【問19】ビール1杯でも飲んだら運転してはいけない。

| 正 | 誤 | 【問20】歩行者用道路を通行する場合、歩行者が通行しているときでも、とくに徐行しなくてもよい。

| 正 | 誤 | 【問21】図3の標示のある場所は自動車は通行できないが、原動機付自転車は通行できる。

図3

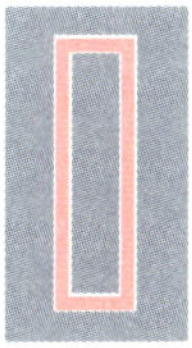

| 正 | 誤 | 【問22】警音器は、危険を避けるためやむを得ない場合と、「警笛鳴らせ」などの標識がある場所以外では鳴らしてはならない。

| 正 | 誤 | 【問23】左右の見通しの悪い、しかも交通整理の行われていない交差点を通過する場合は、徐行しなければならない(優先道路通行中の場合を除く)。

| 正 | 誤 | 【問24】後ろの車が、自分の車を追い越そうとしているときは、前の車を追い越してはならない。

| 正 | 誤 | 【問25】図4の標識のある道路は、道路の右側部分にはみ出さなくても追い越しが禁止されている。

図4

| 正 | 誤 | 【問26】原動機付自転車の運転では乗車用ヘルメットをかぶる必要はない。

| 正 | 誤 | 【問27】原動機付自転車を運転するときは、肩の力を抜き、手首を下げてハンドルを前に押すような気持ちで軽く握るとともに、足先はまっすぐ前方に向ける。また、ハンドル操作に無理のない腰の位置を選び、タンクを両ひざで軽くしめる。

| 正 | 誤 | 【問28】横断歩道の手前で止まっている車があるときは、その車の側面を徐行して通過しなければならない。

| 正 | 誤 | 【問29】図5の標識のある踏切を通過するときは、一時停止の必要がない。 図5

| 正 | 誤 | 【問30】乗降のため停車中の通園バスのそばを通るときには、徐行して安全を確認しなければならない。

| 正 | 誤 | 【問31】停止距離とは空走距離と制動距離を合わせた距離をいう。

| 正 | 誤 | 【問32】図6の標識のある道路は二輪の自動車は通行できないが、原動機付自転車は通行できる。 図6

| 正 | 誤 | 【問33】踏切内では、速やかにギアチェンジして、高速ギアで通過するほうがよい。

| 正 | 誤 | 【問34】原動機付自転車を運転中に大地震が発生した場合は、急ハンドルや急ブレーキを避け、できるだけ安全な方法で道路の左側に停止する。

| 正 | 誤 | 【問35】携帯電話を持って原動機付自転車を運転するときは運転する前に電源を切っておくか、ドライブモードに設定しておく。

| 正 | 誤 | 【問36】原動機付自転車の場合は、強制保険のほか、任意保険にも加入しなければ運転できない。

| 正 | 誤 | 【問37】前の車に続いて踏切を通過するときには一時停止する必要はない。

| 正 | 誤 | 【問38】バスの停留所の標示板から10メートル以内の場所は、停車はできるが、駐車はできない。

| 正 | 誤 | 【問39】図7の標示のある場所で、荷物の積卸しのため3分程度停車した。 図7

| 正 | 誤 | 【問40】長い下り坂では、ガソリンを節約するためにも、エンジンを止め、ギアをニュートラルにしてブレーキを使用したほうがよい。

| 正 | 誤 | 【問41】他人に迷惑のかかる騒音を生じさせて運転してはならない。

| 正 | 誤 | 【問42】停止位置に近づいたときに信号が青から黄色に変わっても、後続車があり、急停止すると追突される危険性がある場合には、停止せずにそのまま通過してもよい。

| 正 | 誤 | 【問43】原動機付自転車のエンジンを止めて、横断歩道を押して歩く場合は、歩行者用信号に従う。

| 正 | 誤 | 【問44】原動機付自転車で歩行者のそばを通るときには、歩行者との間に安全な間隔をあけるか、徐行しなければならない。

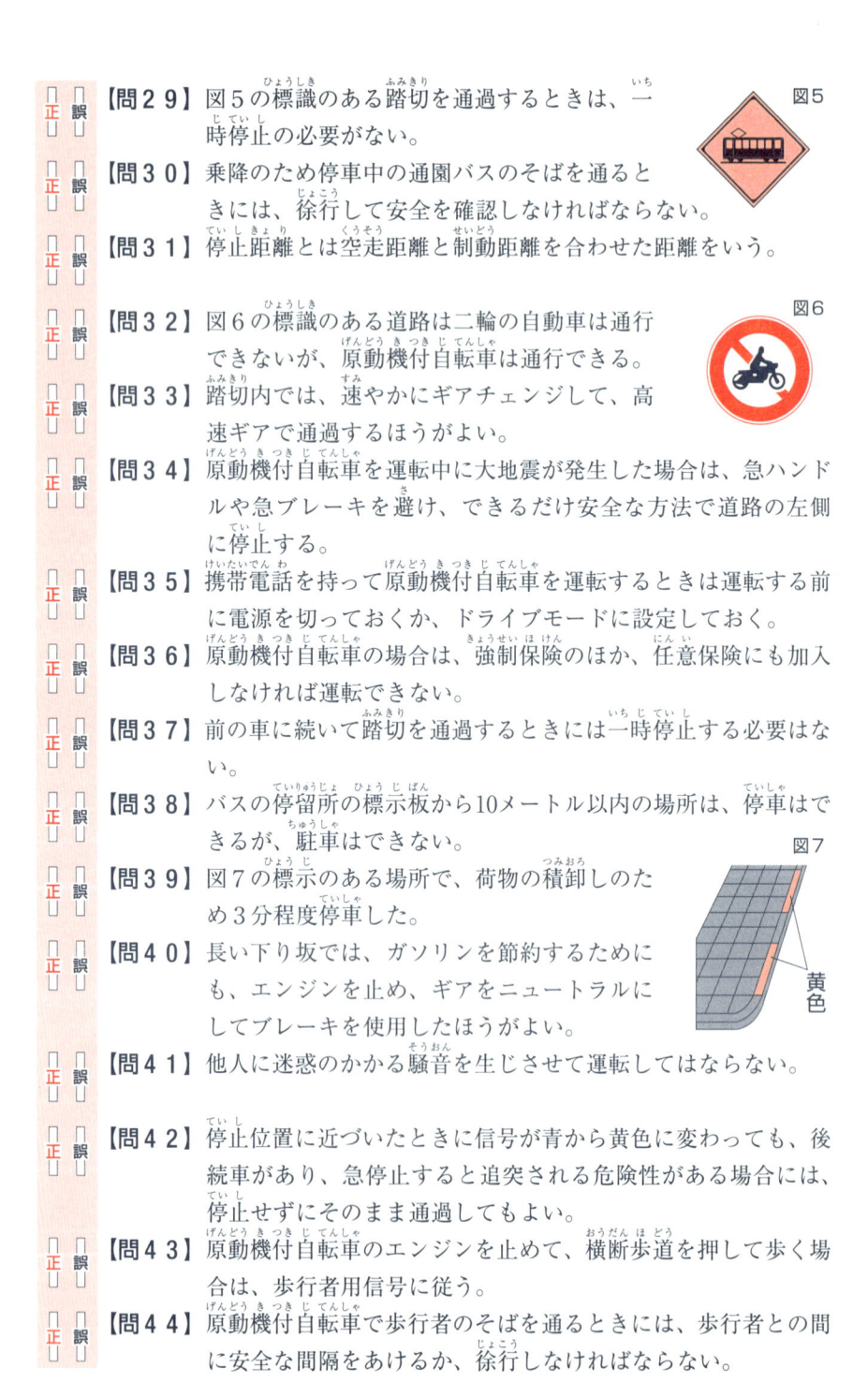

【問45】図8の標識のある交差点では一時停止した後、徐行して通行しなければならない。

【問46】道路に面した場所に出入りするために歩道や路側帯を横切るとき、歩行者が通行していなければ、一時停止をしなくても徐行して進むことができる。

図8
止まれ

【問47】30km/hで進行しています。どのようなことに注意して運転しますか？

(1) 歩行者は二輪車の接近に気づいていないかもしれないので、速度を落としてその動きに注意して走行する。

(2) こどものそばを通るときは、ふざけて道路中央に飛び出してくると危険なので徐行して通過する。

(3) 歩行者のそばを通るときには、歩行者に水や泥がはねないように速度を落として通過する。

【問48】30km/hで進行しています。どのようなことに注意して運転しますか？

(1) 人がバスの前を横断するかもしれないので、いつでも停止できるように徐行してバスの横を通過する。

(2) 対向車があるかどうかが、バスのかげでよく分からないため、道路中央に寄って前方の安全を確認してから中央線を越えて進行する。

(3) 後続の車が自分のバイクを追い越してバスの横を通過するかもしれないので、急いで中央線を越えてバスの横を通過する。

第18回 実力判定模擬テスト 解答&解説

🟠……試験によく出る頻出問題　🖐……引っかけ問題　★……理解しておきたい難問

問 1 ： 誤　交通規則を守るのは当然だが、**歩行者やほかの車の立場になり思いやりの気持ちを持つことが大切である。**★

問 2 ： 正 🟠　　問 3 ： 正

問 4 ： 誤　原付免許では、**原動機付自転車以外は運転できない。**

問 5 ： 正

問 6 ： 誤　交通事故を起こした場合は必ず警察に届け出なければならない。

問 7 ： 誤　問題の標識は車両通行止めを表しているので、原動機付自転車や自転車も通行できない。

問 8 ： 誤　原動機付自転車の法定最高速度は30キロメートル毎時である。

問 9 ： 誤　明るさが急に変わると視力は一時的に低下する。**トンネル内に入るときは速度を落とす。**

問10： 正 ★　　問11： 正 ★

問12： 誤　二輪車でブレーキをかけるときに、路面が滑りやすいときは後輪のブレーキをやや強くかける。🟠

問13： 正 ★　　問14： 正 ★　　問15： 正

問16： 誤　原動機付自転車の乗車定員は1人である。

問17： 正 🟠

問18： 誤　問題の標識は小回り右折を表している（41〜42ページ参照）。

問19： 正

問20： 誤　歩行者に注意し徐行しなければならない。なお、歩行者用道路では、とくに通行を認められた車だけが通行できる。

問21： 誤　問題の標示は安全地帯を表しているので、原動機付自転車も通行できない。

問22： 正 ★　　問23： 正　　問24： 正 ★

問25： 誤　問題の標識は追い越しのための右側部分はみ出し通行禁止を表しているので、右側部分にはみ出さなければ追い越しができる。🖐

問26： 誤　原動機付自転車も乗車用ヘルメットが必要である。

問27： 正 ★

問28： 誤　横断歩道の前で止まっている車の側面を通って**前方へ出るときには、一時停止しなければならない。**★

問29： 誤　問題の標識は踏切ありを表している。信号機のない踏切を通過するときは一時停止が必要。

問30：正　　　問31：正 ★
問32：誤　問題の標識は二輪の自動車・**一般原動機付自転車通行止め**を表している。
問33：誤　踏切内では、エンストを防ぐため発進したときの低速ギアのまま一気に通過する。
問34：正 ★　　　問35：正 ●
問36：誤　任意保険には加入しなくても運転はできるが、できるだけ加入するようにする。
問37：誤　信号機のない踏切を通過するときは一時停止し、安全を確認しなければならない。
問38：誤　信号に従って一時停止する場合や危険を避けるためにやむを得ず一時停止する場合などの例外のほかは、停車も駐車も禁止。
問39：正 ★
問40：誤　下り坂ではエンジンブレーキを活用する。長い下り坂でブレーキをひんぱんに使うとブレーキがきかなくなるおそれがある。
問41：正　　問42：正 ●　　問43：正 ★　　問44：正
問45：誤　問題の標識は一時停止を表している。一時停止後は徐行の規定はない。★
問46：誤　歩道や路側帯を横切る場合は、必ずその直前で**一時停止**し、**歩行者の通行を妨げない**。
問47：　(1) 正　(2) 正　(3) 正
●雨の日の歩行者は傘で視界をさえぎられたりして車に対する注意力が散漫になりがちで、車の接近に気づかないことがある。速度を落とし歩行者の動きに十分注意して走行する。
●雨の日は視界が狭くなりがちで、ふざけて道路中央に飛び出してくるこどもの発見が遅れがちになるので、徐行して通過する。
●歩行者のそばを通るときにぬかるみや水たまりのある場所では、歩行者の動きに注意するとともに、泥水をかけないように速度を落とす必要がある。
問48：　(1) 正　(2) 正　(3) 誤
●停止している車のかげから歩行者が道路を横断してくることがある。とくにバスなど大型車両の側面を通過するときは、そのかげとなる見えない部分に十分に注意する。
●バスの横を通過するときには、対向車線の安全を確認し、歩行者などにも注意して進行する必要がある。
●後続の車の動きにも十分注意する。

本番で慌てないために！ 学科試験対策のツボ ❷

●まぎらわしい言葉づかいに注意しよう

問題文の中には惑わされやすい言葉が出てくることが多いので、まとめてチェックしておこう。

言葉づかい	「かもしれない」「おそれがあるので」「スピードを落とした」「思われるので」	例題
傾向と対策	危険予測や減速・徐行・停止にかかわる問題でよく使われる。これらの表現は安全な運転と思われるが、どのような意図で使われているかをチェックする。	

問：交差点で右折するとき対向車が停止し、譲ってくれると<u>思われるので</u>、急いで右折した。
答：誤　勝手に判断せず、安全を確認してから右折する。

言葉づかい	「必ず」「絶対」「すべて」	例題
傾向と対策	限定したような言い回しには、ほかに当てはまるケースはないか、例外はないかを確認することが必要である。	

問：こう配の急な坂道では、上りの車も下りの車も<u>必ず</u>徐行しなければならない。
答：誤　徐行しなければならないのはこう配の急な下り坂だけ。

問：警笛区間内の交差点では、見通しの良い悪いにかかわらず<u>すべての</u>交差点で警音器を鳴らさなければならない。
答：誤　警笛区間内の交差点では、見通しの悪い交差点のときだけ警音器を鳴らす。

問：踏切を通過するときには、どのような踏切であっても<u>必ず</u>停止線で一時停止をしなければならない。
答：誤　踏切であっても信号機があり、信号が青のときは一時停止の必要はない。

言葉づかい	「大丈夫だと思うので」「そのままの速度で」	例題	問：横断歩道を横断している歩行者がいたが、車が横断歩道に接近する前に横断を終え、そのままの速度で走行しても大丈夫だと判断した。 答：誤　大丈夫だと判断するのは危険。ほかの歩行者が横断を始めるかもしれない。横断歩道手前で停止できるような速度に減速する必要がある。
傾向と対策	勝手に安全だと思い込んで判断するのは、間違いの答えであることが多い。		
言葉づかい	「急に」「一気に」「すばやく」「急いで」「加速して」「急ブレーキをかけて」	例題	● 「急に」「急いで」 →危険やあせりを感じさせる。 ● 「一気に」（踏切を除く） →勢いをつけるものは好ましくないことが多い。 ● 「速(すみ)やか」は好ましい場合に使われることが多い。
傾向と対策	いずれも、危険を避けるためやむを得ない場合以外は、好ましくない行動に関係した表現として使われることが多い。		

●数字につけられている表現に注意しよう

① **以上**……その数字を含めて大きい数字（例：3以上→3、4、5…）
② **以下**……その数字を含めて小さい数字（例：6以下→6、5、4…）
③ **超える**…その数字を含まず大きい数字（例：3を超える→4、5…）
④ **未満**……その数字を含まず小さい数字（例：6未満→5、4、3…）

223

編　集　協　力／有限会社ヴュー企画
本文イラスト／荒井孝昌・高橋なおみ
本文デザイン／編集室クルー

完全合格！
原付免許総まとめ問題集1100

著　者／学科試験問題研究所
発行者／永岡純一
発行所／株式会社永岡書店

〒176-8518　東京都練馬区豊玉上1-7-14
☎03(3992)5155(代表)
☎03(3992)7191(編集)

印刷／アート印刷
製本／ヤマナカ製本

ISBN978-4-522-46150-1　C3065
●落丁本・乱丁本はお取り替えいたします。⑧
●本書の無断複写・複製・転載を禁じます。